多様体のトポロジー

新装版

多様体のトポロジー

新装版

服部晶夫

岩波書店

まえがき

この分冊は現代の幾何学の一端を紹介することを目的としている．現代の幾何学とは，‘多様体の幾何学’と同義であるといっても過言ではない．現代の幾何学の主要な対象が多様体や，なんらかの線で多様体とつながるものであるからである．多様体は解析学や代数学など数学の他の分野と関連する共通の場ともいえるもので，数学全体のなかで占める位置は大きい．歴史的に見ると，多様体が数学史に初めて登場したのは Riemann(1826–1866) による Riemann 面の導入によってであった．それにより，幾何学の歴史のなかで長く主役の座にあった Euclid 幾何学からの革命的な飛躍がもたらされたということができる．これに比べると，射影幾何学や，Euclid 幾何学への批判から生まれたとされる非 Euclid 幾何学も，広い意味では Euclid 幾何学的思考の範疇のうちにあったと考えられる．Riemann の構想はその後の数学の流れに大きな影響を与えた．幾何学の分野でもその影響は次第に滲透し，Poincaré(1854–1912) の仕事などをはさみ，20 世紀，特にその後半に至って，多様体が幾何学の主役の場を占めるようになった．

現代の幾何学については，その手法上の特色にも触れておく必要がある．例えば，考察の対象がある一つの多様体であったとしても，それと関連ある‘関数’や‘関数の族’を同時に考察の対象とすることがしばしばある．それは本来の目的に対して有効であるばかりでなく，それによりさらに豊かな結果が期待されることも多い．ここで‘関数’というとき，例えば本冊子中に現れる微分形式やベクトル場，また本冊子中には出てこない接続やループなどの広い範囲のものを考えているのである．ここにいう‘関数’が‘多様体’と係わる仕方は千差万別であり，一様に語ることはできない．本文中に述べる Morse 関数や微分形式の使い方などにその一例を見ていただきたい．

さて，‘多様体の幾何学’といっても，その厖大な全容を紹介することは筆者の能くするところではないし，小冊子であるという制限もある．冒頭に述べたように，あくまで現代の幾何学の一端，というよりはむしろその雰囲気を紹介するのが本冊子の目標である．そのため，ここではMorse理論を中心に置いて話を進めていく．Morse理論は1930年代にMorseにより導入され，Thom, Bott, Smale, Witten, Floerといった人々により新しい生命を吹き込まれ，今後もその重要度を増していくと思われる理論である．多様体と‘関数’の相関が自ずから明らかになるテーマであり，幾何学の強力な道具である(コ)ホモロジーの導入も自然に行なわれるというメリットも備えていて，本冊子のような解説書にも適した題材であると考え，このような構成を試みることにした．

1993年7月

服　部　晶　夫

新版によせて

本書が岩波講座応用数学の中の分冊『いろいろな幾何II』として出版されてから10年が経った．今回単行本として出版されるに当り，新しく第8章を加え，書名を『多様体のトポロジー』と改めることにした．旧版のまえがきに書いたように，現代の幾何学の主役は多様体の幾何学であるが，トポロジー(位相幾何学)という言葉は本書の内容をより正確に表現している．

新しい章は前章までに解説した基本事項の一つの応用である．そこで使われる手法はトポロジーでは典型的なもので，改版に際しての恰好の材料として取り上げることにした．

改版する機会に，小さな修正を加えた個所はあるが，種々の制約のため，大幅な改訂は行っていない．不満は残るが，題材やその扱い方には10年経った今でも意味があるものと信じている．

2003年7月

著　　者

目次

第1章

序章

この章は，本書全体の流れを一望のうちに眺めることを目標としている．そのため材料を曲面とその上の関数やベクトル場にとっている．そのことにより，直観的なイメージにうったえることができ，主要ないくつかの定理の妥当性が理解できるであろう．

本書の主要テーマである Morse 理論や不動点定理の完全な記述にはホモロジー群という言葉を必要とするが，そこに現れる用語の中で，単純ではあるが豊富な内容と発展性をもつ Euler 数に話を限っても，全体の流れをある程度つかむことができる．むしろ，Euler 数に関連するところに理論全体の輪郭が浮きでているといってもよい．

その意味で，この章では，曲面と Euler 数にスポットを当て，定義や定理の厳密な証明にはこだわらずに話を進めてゆく．次章以下は本章の自然な発展である．

§1.1　Euler 数

地図の上に地形を表わすときに，よく等高線が用いられる．例えば，図 1.1 の地形図で，P_1, P_2 は山頂(極大点)で，P_3 は峠(鞍部)である．また，この図から，傾斜の具合も判定できる．地形ばかりでなく，気圧や気温の変化を表わすのに，等圧線や等温線を用いるのも全く同じ発想に基づいている．

同じ発想は空間内の曲面の形状を表現するのにも有効である．曲面 M の各

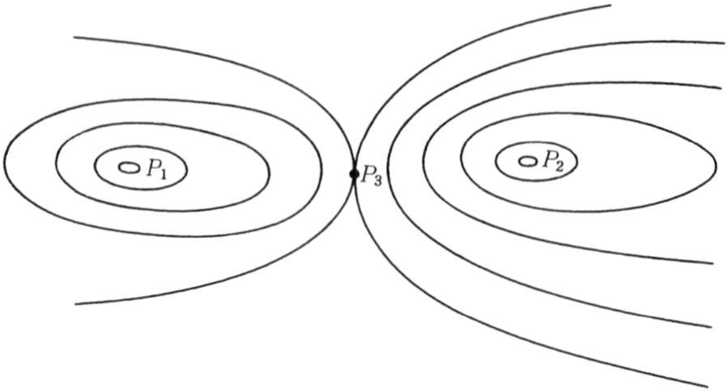

図 1.1

点 $p=(x, y, z)$ に対し，その z 座標 z を対応させる写像

$$f: M \to \mathbf{R}$$

を考える．実数 $c \in \mathbf{R}$ を一定の間隔で動かして 部分図形 $f^{-1}(c) \subset M$ の動きをたどることが等高線を見ることに相当する．このような関数を考えるとき，曲面 M の形状を最もよく反映するのは極大点や極小点と鞍部である．それらの

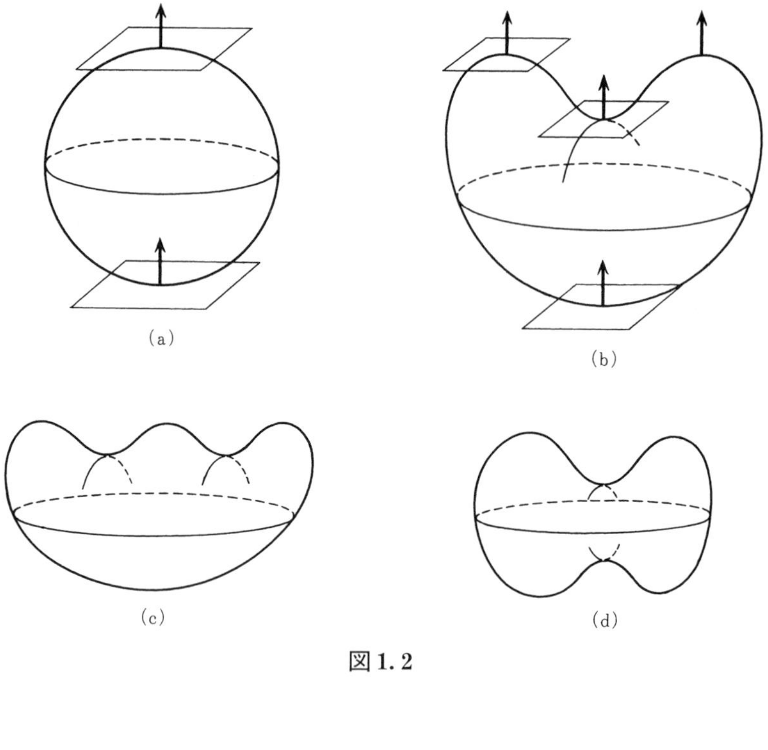

(a)　(b)　(c)　(d)

図 1.2

点では接平面が z 軸と直交していることに注意しよう．

例として，まず空間内の球面とそのいくつかの変形をとりあげる．図 1.2 の (a) では鞍部は現れない．(a) と (b) を較べると すぐ次の事実に気がつく．極小点，極大点の個数をそれぞれ n_0, n_2, また鞍部の個数を n_1 とすると，どちらの図でも

$$n_0 - n_1 + n_2 = 2$$

である．球面をいろいろ変形してみても，上の値が不変であることが確かめられる (図 1.2 (c), (d))．

次にトーラスについて同様の考察をする．この場合は

$$n_0 - n_1 + n_2 = 0$$

が成り立つ (図 1.3)．一般に，g 個の穴のある閉曲面では

$$n_0 - n_1 + n_2 = 2 - 2g \tag{1.1}$$

になることが確かめられる (図 1.4)．

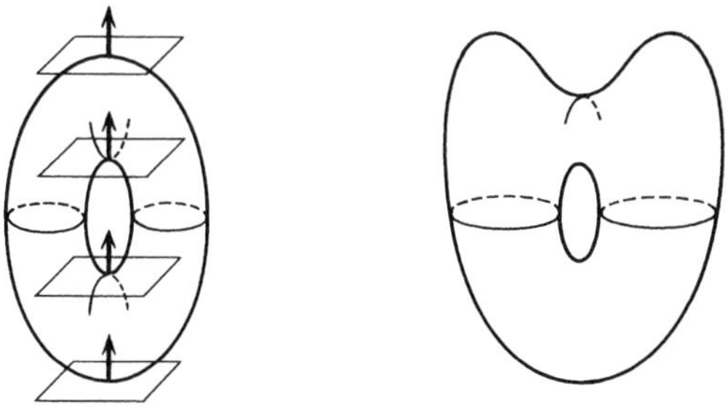

図 1.3

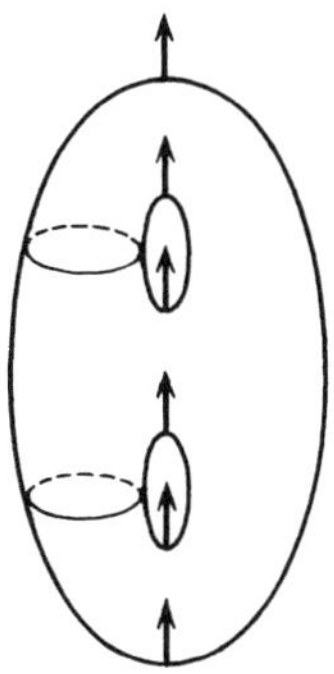

図 1.4　$g=2$

この数 $\chi = n_0 - n_1 + n_2$ を閉曲面 M の **Euler 数**という．また，穴の個数 g を M の**種数**という．両者は

$$\chi = 2 - 2g$$

という関係で結ばれ，ともに閉曲面 M の位相不変量である．

§1.2 ベクトル場

関数 $f : M \ni (x, y, z) \longmapsto z \in \mathbf{R}$ とともにその**勾配ベクトル場**(gradient vector field) ∇f を同時に考察するのが便利である．各点 $p \in M$ に対して，ベクトル ∇f_p は，z 軸方向の単位ベクトル $e = (0, 0, 1)$ を接平面 T_pM に直交射影したものとして定義される．極大点，極小点，鞍部においては接平面は e に直交するから $\nabla f_p = 0$ であり，逆に $\nabla f_p = 0$ なら p は上のような点である．$\nabla f_p = 0$ となる点 p をベクトル場 ∇f_p の**零点**という．∇f の零点 p に対して，整数 ν_p $(= \pm 1)$ を，

$$\nu_p = \begin{cases} +1, & p \text{ が } f \text{ の極大点または極小点} \\ -1, & p \text{ が } f \text{ の鞍部} \end{cases}$$

により定義すると，式(1.1)は

$$\sum \nu_p = 2 - 2g = \chi \qquad (1.2)$$

と書き直せる．

これまでは境界のない曲面を考えてきたが，境界がある場合でも事情は大体同じである．例として円板 D^2 を考える．円板 D^2 は

$$D^2 = \{(x, y) \in \mathbf{R}^2 \,;\, x^2 + y^2 \leqq 1\}$$

と定義され，その境界は円周

$$S^1 = \{(x, y) \in \mathbf{R}^2 \,;\, x^2 + y^2 = 1\}$$

である．

関数 $f : D^2 \to \mathbf{R}$ に対して，その勾配ベクトル場 ∇f を

$$\nabla f_p = (\partial_x f, \partial_y f)$$

で定義する．∇f の零点を f の**臨界点**(critical point)という．

そこで，f に対して次の条件(i), (ii)を仮定しよう．

(i) f の各臨界点 p において f の **Hesse 行列**(Hessian)

$$Hf_p = \begin{pmatrix} \partial_{xx}f(p) & \partial_{xy}f(p) \\ \partial_{yx}f(p) & \partial_{yy}f(p) \end{pmatrix}$$

が正則である．

(ii)　f の臨界点は S^1 上にはなく，S^1 上では f は定値でしかも最大値をとる．

このとき，f の臨界点すなわち ∇f の零点 p に対して，

$$\nu_p = \begin{cases} +1, & \det Hf_p > 0 \text{ のとき} \\ -1, & \det Hf_p < 0 \text{ のとき} \end{cases}$$

とおく．p が極大点または極小点であるときは $\nu_p=+1$ であることは容易にわかる．

このとき，次の等式が成り立つ．

$$\sum_{p:\nabla f\text{ の零点}} \nu_p = 1 \tag{1.3}$$

式(1.3)は次のように考えると意味がわかりやすい．空間 $\mathbf{R}^3$ 内で f のグラフを M とする．すなわち，

$$M = \{(x, y, z);\ (x, y) \in D^2,\ z=f(x, y)\}$$

である．この M に対し，§1.1 のように関数

$$M \ni (x, y, z) \longmapsto z = f(x, y) \in \mathbf{R}$$

を考える．上の f と区別するためにこの関数を $\hat{f}$ と書くが，実質的にはこれは f そのものと考えてよい．例えば，$\hat{f}$ の零点 $\hat{p}$ は f の零点 p により $\hat{p}=(p, f(p))$ の形になる．そして，次の事実が容易に確かめられる．

$$\nu_p = +1 \Longleftrightarrow \hat{p} \text{ が } \hat{f} \text{ の極大点か極小点}$$
$$\nu_p = -1 \Longleftrightarrow \hat{p} \text{ が } \hat{f} \text{ の鞍部}$$

したがって，

$$\sum_p \nu_p = \sum_{\hat{p}} \nu_{\hat{p}}$$

であり，$\nu_{\hat{p}}$ については §1.1 と同様に

$$\sum_{\hat{p}} \nu_{\hat{p}} = n_0 - n_1 + n_2 = 1$$

となることが推測される(図 1.5)．これから(1.3)を得る．

§1.1 で境界のない閉曲面の Euler 数を定義したが，Euler 数はもっと一般の

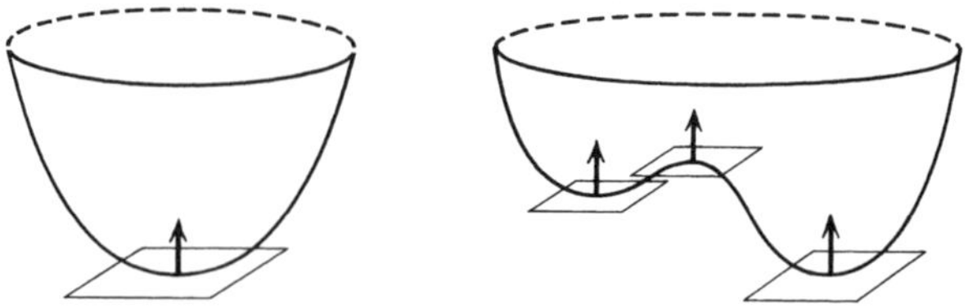

図 1.5

図形に対しても定義される位相不変量であり，D^2 の Euler 数は 1 である．また，式(1.2)は Hopf による次の定理の特別の場合である．

定理 1.1(Hopf の定理) X はコンパクトな曲面 M 上のベクトル場で，零点はすべて孤立しているものとする．X の各零点 p に対して指数 $\mathrm{Ind}_p X$ が定まり，

$$\sum_p \mathrm{Ind}_p X = \chi(M) \tag{1.4}$$

が成り立つ．ここで，$\chi(M)$ は M の Euler 数を表わす． □

§1.3 不動点定理

集合 S から S への写像 h に対して，$h(p)=p$ となる元 $p\in S$ を h の**不動点**(fixed point)という．連続写像 $h: D^2\to D^2$ については Brouwer による次の有名な定理がある．

定理 1.2(Brouwer の定理) 連続写像 $h: D^2\to D^2$ は必ず不動点をもつ．

［証明］ h が不動点をもたないと仮定する．点 $p\in D^2$ と $h(p)$ とは異なる点だから，$h(p)$ と p とを結ぶ線分が定まり，したがってその線分と境界 S^1 との

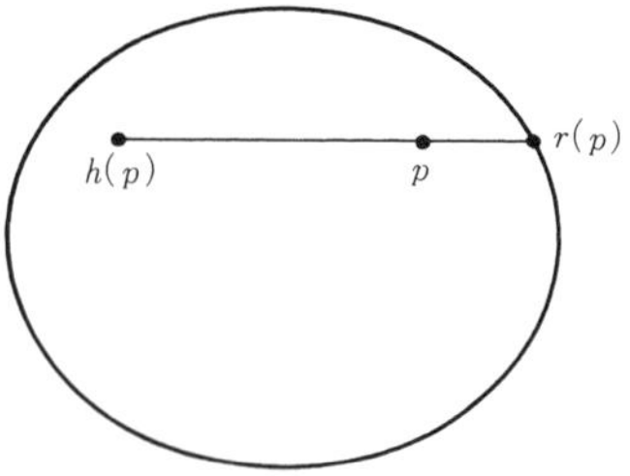

図 1.6

交点 $r(p)$ が定まる(図 1.6)．写像 $r: D^2 \to S^1$ は連続であることは容易にわかる．しかも，r は次の性質

$$p \in S^1 \quad \text{に対しては} \quad r(p) = p$$

をもつ．

一方，上の性質をもつ連続関数 $r: D^2 \to S^1$ は存在し得ない．この事実は円板状に張った石鹸膜を想像すれば納得されるだろう(厳密な証明にはホモロジー群を用いるのが分かりやすい)．このように矛盾が生じるので，h は不動点をもたなければならない．■

上の証明は D^2 の特別な性質(凸性)を用いている．より発展性がある証明は **Lefschetz の不動点定理**を用いるものである．Lefschetz の不動点定理を円板 D^2 の場合に書くと次のようになる．

定理 1.3(Lefschetz の不動点定理)　連続写像 $h: D^2 \to D^2$ の不動点がすべて孤立しているものとする．そのとき，h の各不動点 p に対し指数と呼ばれる整数 $\mathrm{Ind}_p\, h$ が定まり，

$$\sum_p \mathrm{Ind}_p\, h = 1 \tag{1.5}$$

が成り立つ．□

不動点が存在しなければ $\sum_p \mathrm{Ind}_p\, h = 0$ でなければならないから，上の定理は特に $h: D^2 \to D^2$ が不動点を少なくとも一つもつことを意味する．

Lefschetz の定理(1.5)と Hopf の定理(1.4)(または(1.3))の間には一見して類似があることが見られる．ベクトル場 X の積分曲線に沿っての微小な変換を h とすると，X の零点 p は h の不動点となり，そこで

$$\mathrm{Ind}_p\, X = \mathrm{Ind}_p\, h \tag{1.6}$$

となる．(1.6)により，Lefschetz の定理と Hopf の定理は密接に関連している．

本書を読むためにそれほどの予備知識は必要としない．予備知識として想定したのは，(1) 集合や写像に関するごく基本的な記号，(2) 線形代数の基礎，(3) 微分積分の基礎，(4) 位相空間に関する基本概念である．

(1)については，一般的な記法に従うので，特に問題はないと思われる．恒等

写像を表わす記号としては1を用いる．

(2)については，行列式，線形空間とその次元，線形写像およびその行列による表現あたりまでの知識を想定している．線形空間では，断らない限り，スカラーは実数である．数ベクトルは横ベクトルを用い，$\mathbf{R}^n$ で n 次元の数ベクトルの空間を表わす．$\mathbf{R}^n$ における内積を $\langle\ ,\ \rangle$，ノルム(長さ)を $\|\ \|$ で表わす．また，線形写像 f や行列 A の階数を $\operatorname{rank} f$, $\operatorname{rank} A$ と記す．i 行 j 列の要素が a_{ij} の行列とその行列式をそれぞれ

$$(a_{ij}), \qquad \det(a_{ij})$$

と略記する．n 次正方行列の全体を $M(n\,;\mathbf{R})$ と記す．

(3)については，偏微分，陰関数定理と逆関数定理，多変数の積分あたりまでが想定範囲である．何回でも偏微分可能な関数を滑らかな関数という．関数や写像 f の偏微分について

$$\partial_x f = \frac{\partial f}{\partial x}, \quad \partial_{xy} = \frac{\partial^2 f}{\partial x \partial y}, \quad \partial_i f = \frac{\partial f}{\partial x_i}$$

などの略記法を用いる場合がある．$\mathbf{R}^m$ の開集合((4)参照) U 上で定義された写像 $f: U \to \mathbf{R}^n$ に対し，m 行 n 列の行列

$$Jf = \begin{pmatrix} \partial_{x_1} f \\ \vdots \\ \partial_{x_m} f \end{pmatrix} = \left(\frac{\partial y_j}{\partial x_i}\right), \qquad (y_1, \cdots, y_n) = f(x_1, \cdots, x_m)$$

を f の Jacobi 行列という．$p \in U$ における Jf の値 $Jf(p)$ を Jf_p と記すことが多い．$m = n$ のとき $\det Jf$ を f の Jacobian という．この場合，

$$\frac{\partial(y_1, \cdots, y_n)}{\partial(x_1, \cdots, x_n)} = \det\left(\frac{\partial y_j}{\partial x_i}\right)$$

という略記法を用いる．

(4)については，開集合，閉集合，近傍，連続写像，コンパクト性，連結成分あたりまでの知識を想定している．集合 A の閉包を $\bar{A}$ で表わす．X を位相空間(例えば $\mathbf{R}^n$)，$M \subset X$ を部分集合とするとき，X の開集合 O と M との交わり $O \cap M = V$ を M の開集合と定めることにより，M にも位相が定まる．

第 2 章

多様体

第1章では，曲面上の関数の臨界点のまわりの様子から，曲面の基本的な量である Euler 数を導いた．曲面をとりあげたのは，われわれの直観に直接に訴えることを目標としたからである．理論的には第1章の内容は高次元に拡張することができるし，また高次元に拡張することにより，より深い理解を得ることができる．

第1章の話を高次元に拡張してゆくとき，曲面の概念の自然な発展として多様体の概念に到達する．それは，現代数学における最も基本的な概念の一つであるといっても過言ではない．本章では，多様体に関し以後の章で用いる最低必要事項について解説する．最初は抽象的な定義にとまどうかもしれない．曲面など具体例を思い浮かべれば理解の一助になるであろう．

なお，多様体に関する標準的な教科書も多い．例えば，あとがきの中の参考書 [1], [2], [3] を参照されたい．

§2.1　多様体

N を自然数とする．N は任意でよいが，気持ちとしては必要なだけ大きいものであると考えてよい．実際，以後の議論で N が実質的に関係することはない．

定義 2.1　$\mathbf{R}^N$ の部分集合 M が次の条件($*$)を満たしているとき，M を $\boldsymbol{n}$ **次元多様体**(n-dimensional manifold)という．記号で $n=\dim M$ と記す．

条件(∗)　M の各点 $p \in M$ に対し，$\mathbf{R}^n$ の開集合 U と M における p の開近傍 V，および滑らかな写像 $\varphi: U \to V$ で，U 上いたるところ $\operatorname{rank} J\varphi = n$ となるものが存在する(図2.1)．　□

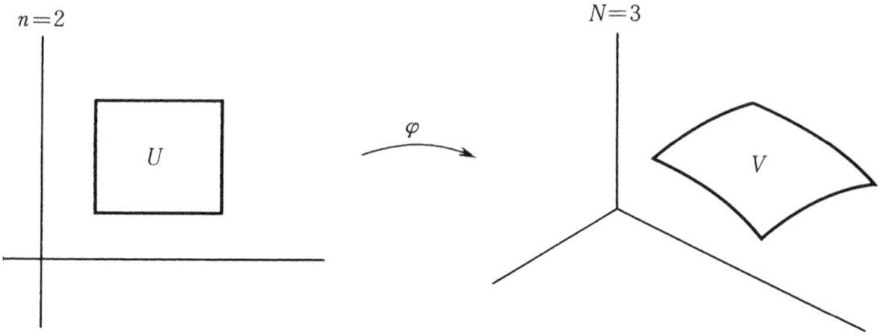

図2.1

注意2.1　陰関数定理により，(必要があれば U と V をさらに小さくとって) $\varphi: U \to V$ は全単射であるとしてよい．今後は，特に断らない限り，(∗)の φ は全単射であるとする．

例2.1　$\mathbf{R}^n$ の開集合 U は n 次元多様体である．恒等写像 $U \to U$ を φ とみればよい．　□

例2.2　ここでも，U は $\mathbf{R}^n$ の開集合であるとする．$f: U \to \mathbf{R}$ を滑らかな関数とする．このとき，f のグラフ $M = \{(p, f(p));\ p \in U\} \subset \mathbf{R}^n \times \mathbf{R} = \mathbf{R}^{n+1}$ は n 次元多様体である．この場合には，$\varphi(p) = (p, f(p))$, $V = M$ ととることができる．　□

例2.3　$W \subset \mathbf{R}^{n+1}$ を開集合，$f: W \to \mathbf{R}$ を滑らかな関数とする．$f^{-1}(0)$ を方程式 $f(p) = 0$ の定める**超曲面**(hypersurface)という．このとき，

$$M = \{p \in f^{-1}(0),\ Jf_p \neq 0\}$$

は n 次元多様体である．p において，$\partial_i f(p) \neq 0$ とすると，陰関数定理により，M の p における開近傍 U が存在し，U の点 $q = (x_1, x_2, \cdots, x_{n+1})$ に対し，x_i は残りの座標 $x_1, \cdots, x_{i-1}, x_{i+1}, \cdots, x_{n+1}$ の滑らかな関数

$$x_i = h(x_1, \cdots, x_{i-1}, x_{i+1}, \cdots, x_{n+1})$$

として解ける．そこで，$\varphi: U \to M$ を

$$\varphi(u_1, \cdots, u_n) = (u_1, \cdots, u_{i-1}, h(u), u_i, \cdots, u_n), \qquad u = (u_1, \cdots, u_n)$$

により定めると，これは定義2.1の条件(∗)を満たす．　□

例 2.3 の特別の場合として，**n 次元球面**

$$S^n=\{(x_1,\cdots,x_{n+1})\in\mathbf{R}^{n+1};\ x_1{}^2+\cdots+x_{n+1}{}^2=1\}$$

は n 次元多様体である．

例 2.4　線形空間 $\mathbf{R}^{n+1}$ の 1 次元部分線形空間の全体を $\boldsymbol{RP}^n$ と書き，n 次元**実射影空間**(real projective space)という．1 次元部分線形空間に対して，その上への直交射影作用素が 1 対 1 に対応するから，$\boldsymbol{RP}^n$ は次のような行列の集合とみることができる：

$$\begin{aligned}\boldsymbol{RP}^n &= \{A\in M(n+1;\mathbf{R});\ A^tA={}^tAA,\ A^2=A,\ \mathrm{rank}\,A=1\}\\ &= \{{}^t\xi\xi;\ \xi\in S^n\}\subset M(n+1;\mathbf{R})\cong\mathbf{R}^{(n+1)^2}\end{aligned}$$

ここで，$\cong$ は線形空間の同型を表わす．$\xi=(x_0,x_1,\cdots,x_n)\in S^n$ としたとき，行列 ${}^t\xi\xi$ に対応する $\boldsymbol{RP}^n$ の点を通常 $[x_0,x_1,\cdots,x_n]$ と書く．この点はベクトル ξ が張る 1 次元部分空間に対応している．一般に，$\mathbf{R}^{n+1}$ のベクトル $\xi=(x_0,x_1,\cdots,x_n)\neq 0$ の張る 1 次元部分空間を $\boldsymbol{RP}^n$ の点とみたとき $[x_0,x_1,\cdots,x_n]$ と書く．$[x_0,x_1,\cdots,x_n]$ をその点の**斉次座標**(homogeneous coordinates)という．$i=0,1,\cdots,n$ に対し，$\varphi_i:\mathbf{R}^n\to\boldsymbol{RP}^n\subset M(n+1;\mathbf{R})$ を

$$\varphi_i(u_1,\cdots,u_n)=[u_1,\cdots,u_i,1,u_{i+1},\cdots,u_n]$$

によって定義すると，各 φ_i は定義 2.1 の条件(＊)を満たす．明らかに $\boldsymbol{RP}^n=\bigcup\varphi_i(\mathbf{R}^n)$ だから，$\boldsymbol{RP}^n$ は n 次元多様体である．また，$S^n\ni\xi\longmapsto{}^t\xi\xi\in\boldsymbol{RP}^n$ は滑らかな全射写像だから，$\boldsymbol{RP}^n$ はコンパクトである．　□

M を n 次元多様体とする．定義 2.1 の条件(＊)の滑らかな単射写像 $\varphi:U\to M$ を(点 p のまわりの)**局所座標系**(local coordinate system)，$V=\varphi(U)$ を**座標近傍**という(通常の用法では，逆写像 φ^{-1} を局所座標系といっている)．また，点 $q\in V$ に対して $\varphi^{-1}(q)=(u_1(q),\cdots,u_n(q))$ をその局所座標系に関する点 q の**局所座標**という．局所座標系 φ をしばしば $(V;u_1,\cdots,u_n)$ と表わすことがある．

局所座標系については次の命題が重要である．

命題 2.1　$\varphi_\alpha:U_\alpha\to V$, $\varphi_\beta:U_\beta\to V$ をともに局所座標系とする．そのとき，写像 $\varphi_\beta{}^{-1}\circ\varphi_\alpha:U_\alpha\to U_\beta$ $(\subset\mathbf{R}^n)$ とその逆写像 $\varphi_\alpha{}^{-1}\circ\varphi_\beta$ はともに滑らかな写像である．　□

証明は逆関数定理を用いて簡単に得られる．次の例における議論を途中で用

いればよい．

例 2.5　$\varphi: U \to M$ を一つの局所座標系とする．$u=(u_1, \cdots, u_n) \in U$ に対して，$\varphi(u)=(x_1(u), \cdots, x_N(u)) \in U \subset \mathbf{R}^N$ と書く．rank $J\varphi=n$ だから，適当な $i_1, \cdots, i_n$ をとると，

$$\frac{\partial(x_{i_1}, \cdots, x_{i_n})}{\partial(u_1, \cdots, u_n)} \neq 0$$

となる(必要があれば U をさらに小さくとる)．したがって，逆関数定理により，

$$W=\{(x_{i_1}(u), \cdots, x_{i_n}(u));\ u \in U\} \subset \mathbf{R}^n$$

とおくと，W は開集合であり(ここでも必要があれば U をさらに小さくとる)，

$$h:\ U \ni u \longmapsto (x_{i_1}(u), \cdots, x_{i_n}(u)) \in W$$

は全単射で $h^{-1}: W \to U$ も滑らかである．$\psi=\varphi \circ h^{-1}: W \to V$ を考えると，ψ も局所座標系で，$\psi^{-1} \circ \varphi=h$, $\varphi^{-1} \circ \psi=h^{-1}$ はともに滑らかである．　□

定義 2.2　M を n 次元多様体とする．M の部分集合 M' が次の条件(♯)を満たしているとき，M' は M の n' 次元**部分多様体**(submanifold)であるという．

条件(♯)　M' の各点 $p \in M'$ に対し，p のまわりの M の局所座標系 $(V; u_1, \cdots, u_n)$ が存在し，

$$M' \cap V=\{q \in V;\ u_{n'+1}(q)=\cdots=u_n(q)=0\}$$

と表わされる．　□

このとき，M' はそれ自身 n' 次元多様体である．実際，$p \in M'$ のまわりの局所座標系として，$(M' \cap V; u_1, \cdots, u_{n'})$ をとることができる．なお，$n-n'$ を部分多様体 M' の**余次元**(codimension)という．

注意 2.2　部分多様体という用語を用いれば，定義 2.1 では多様体 M を $\mathbf{R}^N$ の部分多様体として定義したことになる．また，例 2.2，例 2.3 の M はどちらも $\mathbf{R}^{n+1}$ の余次元 1 の部分多様体である．

§2.2　滑らかな写像

$M_1 \subset \mathbf{R}^{N_1}$, $M_2 \subset \mathbf{R}^{N_2}$ を多様体とする．

定義 2.3　写像 $f: M_1 \to M_2$ が**滑らか**(smooth)であるとは，各点 $p \in M_1$ のまわりの局所座標系 $\varphi_1: U_1 \to M_1$ に対し，

$$f\circ\varphi_1:\ U_1\to M_2\subset \mathbf{R}^{N_2}$$

が滑らかになることである．ここで，$U\subset\mathbf{R}^{n_1}$ $(n_1=\dim M_1)$ は開集合だから，$f\circ\varphi_1$ が滑らかであるということは意味をもつ．　□

注意 2.3　(i)　上の定義は局所座標系 $\varphi_1: U_1\to M_1$ のとり方によらないことが，命題 2.1 からわかる．

(ii)　f が滑らかならば，$f(p)\in M_2$ のまわりの局所座標系 $\varphi_2: U_2\to M_2$ で $f(\varphi_1(U_1))\subset\varphi_2(U_2)$ となるものが存在し，

$$\varphi_2{}^{-1}\circ f\circ\varphi_1:\ U_1\to U_2\subset\mathbf{R}^{n_2}\qquad (n_2=\dim M_2)$$

は滑らかな写像である．逆に，ここに述べた性質があれば，写像 $f: M_1\to M_2$ は滑らかである．

(iii)　(i)と(ii)とは，多様体や滑らかな写像を扱うときに，多様体が Euclid 空間の部分多様体であるという事実(注意 2.2)を全く用いないですむことを示唆している．実際，通常の多様体の教科書はほとんどそのような抽象的方法を採用している．本書のおわりにあげた参考書を参照されたい．

(iv)　(iii)に述べたように，多様体の定義で，多様体を Euclid 空間の部分多様体として扱う必要はなく，すべては命題 2.1 を出発点として定式化できる．このことは，いわゆる複素多様体の定義において重要な観点となる．複素多様体では Euclid 空間の中に埋め込まれたものとしての定義を採用すると，例えば連結でコンパクトなものは一点しかなくなり，制限が強すぎることになる．ここでは複素多様体の一般的な定義は与えず，次の典型的な例からの類推にまつことにしよう．

例 2.6　複素線形空間 $\mathbf{C}^{n+1}$ の 1 次元線形部分空間の全体を $\boldsymbol{CP}^n$ と書く．$(z_0, z_1, \cdots, z_n)\neq 0$ $(\in\mathbf{C}^{n+1})$ の張る 1 次元部分空間を $\boldsymbol{CP}^n$ の点とみたとき，$[z_0, z_1, \cdots, z_n]$ と書く．$i=0, 1, \cdots, n$ に対し，$\varphi_i: \mathbf{C}^n\to\boldsymbol{CP}^n$ を

$$\varphi_i:\ (w_1, \cdots, w_n) = [w_1, \cdots, w_i, 1, w_{i+1}, \cdots, w_n]$$

により定義する．φ_i は単射で，その像 V_i は

$$V_i = \{[z_0, z_1, \cdots, z_n];\ z_i\neq 0\}$$

で与えられる．これに対し，$\varphi_i{}^{-1}(V_j)$ は $\mathbf{C}^n$ の開集合であり，

$$\varphi_j{}^{-1}\circ\varphi_i:\ \varphi_i{}^{-1}(V_j)\to\mathbf{C}^n$$

は複素解析的関数となる．命題 2.1 や注意 2.3 の(i)，(ii)，(iii)を参照すると，関数 $f: \boldsymbol{CP}^n\to\mathbf{C}$ が複素解析的であることを，各 i に対して $f\circ\varphi_i: \mathbf{C}^n\to\mathbf{C}$ が複

素解析的になることとして矛盾なく定義することができる．このように，$\{\varphi_i\}$ をあわせて考えた“複素多様体” CP^n を n 次元**複素射影空間**(complex projective space)という． □

例 2.7 多様体 $M\subset\mathbf{R}^N$ に対して，$f_i : M\ni(x_1,\cdots,x_N)\longmapsto x_i\in\mathbf{R}$ は滑らかな関数である．もっと一般的に，$H:\mathbf{R}^N\to\mathbf{R}$ を滑らかな関数とすると，$M\ni(x_1,\cdots,x_N)\longmapsto H(x_1,\cdots,x_N)$ は滑らかな関数である． □

次の命題は注意 2.3 の(ii)を用いれば容易に証明されるものであるが，基本的である．

命題 2.2 $f:M_1\to M_2$, $g:M_2\to M_3$ を滑らかな写像とする．そのとき，合成写像 $g\circ f:M_1\to M_3$ も滑らかである． □

多様体 M_1, M_2 に対し，滑らかな全単射写像 $f:M_1\to M_2$ で，$f^{-1}:M_2\to M_1$ も滑らかなものを**微分同相写像**(diffeomorphism)という．また，そのとき，多様体 M_1 と M_2 は**微分同相**(diffeomorphic)であるという．

例 2.8 n 次元開球 $B^n=\{x\in\mathbf{R}^n\,;\,\|x\|<1\}$ は $\mathbf{R}^n$ と微分同相である．例えば，$f:B^n\to\mathbf{R}^n$ を

$$f(x)=\frac{x}{\sqrt{1-\|x\|^2}}$$

で与えると，f は B^n から $\mathbf{R}^n$ への微分同相写像である． □

互いに微分同相な二つの多様体を同じものとみなし，区別しないで考えることが多い．例えば，第1章の図 1.2 の(a)，(b)は両方とも球面 S^2 の図であり，図 1.3 はトーラスの図である．多様体の不変量というのは，微分同相な多様体に対して同じ値をとる量のことである．

§2.3 接ベクトル

(a) 接ベクトル空間

$M\subset\mathbf{R}^N$ を n 次元多様体，$p\in M$ とし，p のまわりの局所座標系 $\varphi:U\to M\subset\mathbf{R}^N$ を一つとる．$0\in U\subset\mathbf{R}^n$ で $\varphi(0)=p$ となるとしておく．φ の Jacobi 行列 $J\varphi_0$ を線形写像 $\mathbf{R}^n\to\mathbf{R}^N$ とみて，その像 $T_p\subset\mathbf{R}^N$ を考えよう．rank $J\varphi_0=n$ だから，T_p は n 次元線形空間である．すなわち，$\varphi(u)=(x_1(u),\cdots,x_N(u))$ と

書いたとき，T_p は

$$\partial_i\varphi_0 = (\partial_i x_1(0), \cdots, \partial_i x_N(0)), \qquad i = 1, \cdots, n$$

で張られる線形空間である．$\varphi(u)$ の代わりに $x(u)$，$\partial_i\varphi$ の代わりに $\partial_i x$ や $\dfrac{\partial x}{\partial u_i}$ という記号を用いることがある．

命題 2.3　$\varphi: U \to M$，$\psi: V \to M$ をともに p のまわりの局所座標系とする．そのとき，関係式

$$\partial_i\varphi_0 = \sum_{j=1}^{n} \frac{\partial v_j}{\partial u_i}(0)\,\partial_j\psi_0, \qquad i = 1, \cdots, n \tag{2.1}$$

すなわち

$$\frac{\partial x}{\partial u_i} = \sum_{j=1}^{n} \frac{\partial v_j}{\partial u_i}\frac{\partial x}{\partial v_j}$$

が成り立つ．ここで，$h = \psi^{-1}\circ\varphi: U \ni u = (u_1, \cdots, u_n) \longmapsto v = (v_1, \cdots, v_n) \in V$ である．すなわち，φ による局所座標を $(u_1, \cdots, u_n)$，ψ による局所座標を $(v_1, \cdots, v_n)$ と表わしている．

［証明］　$\varphi = \psi\circ h$ すなわち $\varphi(u) = \psi(v(u))$ とみて，合成関数の微分法を適用すればよい．　∎

命題 2.3 は $J\psi_0$ の像と $J\varphi_0$ の像が一致することを示している．したがって，線形空間 T_p は局所座標系のとり方によらないで定まるものである．T_p を多様体 M の $p \in M$ における**接ベクトル空間**(tangent vector space, tangent space)といい，T_p に属するベクトルを p における**接ベクトル**(tangent vector)という．M を明示するために，T_p を T_pM と記すことが多い．

局所座標 $(u_1, \cdots, u_n)$ により接ベクトル $\xi \in T_pM$ を

$$\xi = \sum_{i=1}^{n} a_i \frac{\partial x}{\partial u_i}$$

と表わしたとき，数ベクトル $(a_1, \cdots, a_n)$ を接ベクトル ξ の局所座標 $(u_1, \cdots, u_n)$ に関する**成分**という．

例 2.9　多様体 $\mathbf{R}^n$ においては，任意の点 p に対して $T_p\mathbf{R}^n = \mathbf{R}^n$ とみることができる．局所座標として $\mathbf{R}^n$ の通常の座標 $(x_1, \cdots, x_n)$ をとり，接ベクトル $\xi = \sum_{i=1}^{n} \xi_i \dfrac{\partial x}{\partial x_i}$ を $\mathbf{R}^n$ のベクトル $(\xi_1, \cdots, \xi_n)$ と同一視するのである．　□

次の命題は命題 2.3 と同値である．

命題 2.4　$p \in M$ のまわりの二つの局所座標 $(u_1, \cdots, u_n)$ と $(v_1, \cdots, v_n)$ に関

する接ベクトル $\xi\in T_pM$ の成分 $(a_1,\cdots,a_n)$ と $(b_1,\cdots,b_n)$ に対して，

$$b_j=\sum_{i=1}^n a_i\frac{\partial v_j}{\partial u_i}$$

が成り立つ． □

例 2.10　$f:\mathbf{R}^{n+1}\to\mathbf{R}$ を滑らかな関数とし，超曲面 $f^{-1}(0)$ を考える．多様体 $M=\{p\in f^{-1}(0);\ Jf_p\neq 0\}$ の点 p における接ベクトル空間は，線形空間

$$\left\{\xi=(\xi_1,\cdots,\xi_{n+1});\ \sum_{k=1}^{n+1}\frac{\partial f}{\partial x_k}(p)\,\xi_k=0\right\} \tag{2.2}$$

と一致する．実際，局所座標系 $\varphi:U\to M$ をとると，$f(\varphi(u))=0$ であるから，u_i について偏微分を行なうことにより，

$$\sum_k\frac{\partial f}{\partial x_k}\frac{\partial x_k}{\partial u_i}=0$$

を得る．すなわち，ベクトル $\partial_i x=\dfrac{\partial x}{\partial x_i}=\left(\dfrac{\partial x_1}{\partial u_i},\cdots,\dfrac{\partial x_{n+1}}{\partial u_i}\right)$ は(2.2)の中の線形方程式を満たす．$\partial_1 x,\cdots,\partial_n x$ が T_pM を張るから，その方程式の定める線形空間は T_pM と一致する． □

(b)　接ベクトルと微分

$\xi\in T_pM$ を接ベクトルとする．p のまわりの局所座標 $(u_1,\cdots,u_n)$ をとり，

$$\xi=\sum_{i=1}^n a_i\frac{\partial x}{\partial u_i}$$

と表わしておく．p を含む開集合 V 上で定義された滑らかな関数 $f:V\to\mathbf{R}$ に対し，$\xi f\in\mathbf{R}$ を

$$\xi f=\sum a_i\frac{\partial f(x(u))}{\partial u_i}\bigg|_{u_i=0}$$

により定義する．ただし，$p=x(0,\cdots,0)$ としている．この定義は座標のとり方によらないことが命題2.4からすぐわかる．ξf を f の ξ 方向の**微分**(derivative)という．

特に，$\xi=\dfrac{\partial x}{\partial u_i}$ に対しては

$$\xi f=\frac{\partial}{\partial u_i}f(x(u))$$

である．このことを念頭において，$\dfrac{\partial x}{\partial u_i}$ を $\dfrac{\partial}{\partial u_i}$ と書くことが多く，本書でも以降はこの記法を採用する．

開区間 (a, b) から多様体 M への滑らかな写像

$$\omega\colon (a, b) \to M \subset \mathbf{R}^N$$

を M の中の**曲線**(curve)という．各 $t_0 \in (a, b)$ に対して，$\omega(t_0)$ における曲線 ω の接ベクトル $\dfrac{\mathrm{d}\omega}{\mathrm{d}t}(t_0)$ は $T_{\omega(t_0)}M$ のベクトルである．$p=\omega(t_0)$ のまわりの局所座標 $(u_1, \cdots, u_n)$ をとり，$\omega(t)=(u_1(t), \cdots, u_n(t))$ と表わすと，

$$\frac{\mathrm{d}\omega}{\mathrm{d}t}(t_0) = \sum_{i=1}^{n} \frac{\mathrm{d}u_i}{\mathrm{d}t}(t_0)\frac{\partial}{\partial u_i}$$

である．$\xi=\dfrac{\mathrm{d}\omega}{\mathrm{d}t}(t_0)$ とすると，関数 f に対し，f の ξ 方向の微分は

$$\xi f = \frac{\mathrm{d}(f\circ\omega)}{\mathrm{d}t}(t_0)$$

にほかならない．このように，M の接ベクトルを M の中の曲線の接ベクトルと理解することができる．

(c) 部分多様体の横断的交叉

M' を多様体 M の部分多様体とすると，$p \in M'$ に対して

$$T_pM' \subset T_pM$$

となることは明らかであろう．M を n 次元多様体，M_1, M_2 を M の部分多様体とする．点 $p \in M_1 \cap M_2$ に対し，

$$T_pM_1 + T_pM_2 = T_pM$$

が成り立っているとき(左辺は T_pM の線形部分空間 T_pM_1 と T_pM_2 が張る線形部分空間を表わす)，部分多様体 M_1 と M_2 は p において**横断的**(transverse)に交わるという(図 2.2)．各点 $p \in M_1 \cap M_2$ で M_1 と M_2 が横断的に交わるとき，M_1 と M_2 は横断的に交わるという．

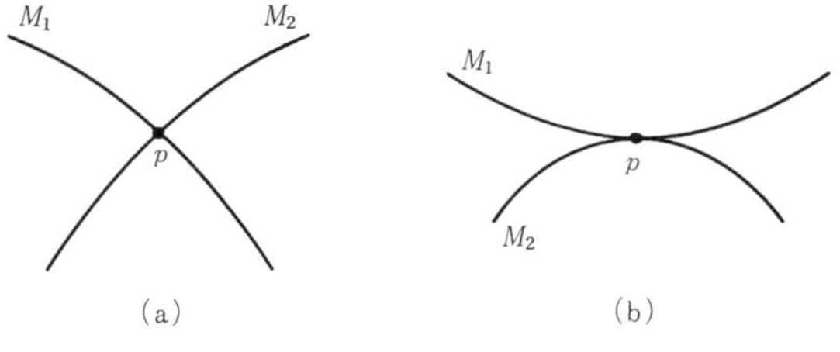

図 2.2 dim M=2, dim M_1=dim M_2=1
(a) 横断的，(b) 非横断的

命題 2.5 M の部分多様体 M_1 と M_2 が横断的に交わっていれば，$M_1 \cap M_2$ も M の部分多様体であり，

$$\dim(M_1 \cap M_2) = \dim M_1 + \dim M_2 - \dim M$$

である．また，$p \in M_1 \cap M_2$ に対し

$$T_p(M_1 \cap M_2) = T_pM_1 \cap T_pM_2$$

である．

［証明］ $p \in M_1 \cap M_2$ のまわりの M の局所座標系 $(V; u_1, \cdots, u_n)$ と $(V; v_1, \cdots, v_n)$ で $M_1 \cap V$, $M_2 \cap V$ がそれぞれ方程式

$$u_1 = \cdots = u_{d_1} = 0 \qquad (d_1 = \dim M - \dim M_1)$$

$$v_1 = \cdots = v_{d_2} = 0 \qquad (d_2 = \dim M - \dim M_2)$$

で特徴づけられるものをとる．$\dfrac{\partial}{\partial u_{d_1+1}}, \cdots, \dfrac{\partial}{\partial u_n}$ が T_pM_1 の，$\dfrac{\partial}{\partial v_{d_2+1}}, \cdots, \dfrac{\partial}{\partial v_n}$ が T_pM_2 の基底となり，M_1 と M_2 が横断的に交わっているから

$$\frac{\partial}{\partial u_{d_1+1}}, \cdots, \frac{\partial}{\partial u_n}, \qquad \frac{\partial}{\partial v_{d_2+1}}, \cdots, \frac{\partial}{\partial v_n}$$

が T_pM を張る．一方，$\dfrac{\partial}{\partial v_1}, \cdots, \dfrac{\partial}{\partial v_{d_2}}, \dfrac{\partial}{\partial v_{d_2+1}}, \cdots, \dfrac{\partial}{\partial v_n}$ が T_pM の基底だから，M_1 上 $v_1, \cdots, v_{d_2}$ を M_1 の座標 $u_{d_1+1}, \cdots, u_n$ の関数とみたとき，行列

$$\begin{pmatrix} \dfrac{\partial v_1}{\partial u_{d_1+1}} & \cdots & \dfrac{\partial v_1}{\partial u_n} \\ \vdots & & \vdots \\ \dfrac{\partial v_{d_2}}{\partial u_{d_1+1}} & \cdots & \dfrac{\partial v_{d_2}}{\partial u_n} \end{pmatrix}$$

の階数は d_2 に等しい．よって，陰関数定理により，必要があれば $u_{d_1+1}, \cdots, u_n$ の番号を付けかえて，M_1 の座標として $u_{d_1+1}, \cdots, u_n$ の代わりに，$v_1, \cdots, v_{d_2}$, $u_{d_1+d_2+1}, \cdots, u_n$ をとることができる．この座標を使うと，$M_1 \cap M_2$ は M_1 の中で局所的に方程式

$$v_1 = \cdots = v_{d_2} = 0$$

で表わされる．したがって，$M_1 \cap M_2$ は M_1 の中の余次元 d_2 の部分多様体であり，それはまた M の中の余次元 $d_1 + d_2$ の部分多様体である．余次元を次元を用いて書き直せば

$$\dim(M_1 \cap M_2) = \dim M_1 + \dim M_2 - \dim M$$

となる．

次に，$T_p(M_1 \cap M_2) \subset T_pM_1 \cap T_pM_2$ は明らかであり，線形空間として両辺の次元は等しいから

$$T_p(M_1 \cap M_2) = T_pM_1 \cap T_pM_2$$

となる．■

§2.4　写像の微分

(a)　微分

M, N を多様体，$f: M \to N$ を滑らかな写像とする．このとき，各点 $p \in M$ に対し線形写像

$$\mathrm{d}f_p:\ T_pM \to T_qN, \qquad q = f(p)$$

が次のように定まる．p のまわりの座標 $(u_1, \cdots, u_m)$ $(m = \dim M)$，q のまわりの座標 $(v_1, \cdots, v_n)$ $(n = \dim N)$ をとる．f により $v = (v_1, \cdots, v_n)$ は $u = (u_1, \cdots, u_m)$ の関数とみなせる．そこで，$\xi = \sum a_i \dfrac{\partial}{\partial u_i} \in T_pM$ に対して，

$$\mathrm{d}f_p(\xi) = \sum_{\substack{1 \leq i \leq m \\ 1 \leq j \leq n}} a_i \frac{\partial v_j}{\partial u_i} \frac{\partial}{\partial v_j} \tag{2.3}$$

と定める．$\mathrm{d}f_p$ は明らかに線形である．重要な点は，$\mathrm{d}f_p$ が p と q のまわりの座標のとり方によらないで定まることである．それは，命題2.3と命題2.4を用いて容易に確かめられる．別の言葉でいえば，f だけで定まる線形写像 $\mathrm{d}f_p$ が存在し，(2.3)がその基底を用いた表現になっているのである．この線形写像 $\mathrm{d}f_p$ を f の p における**微分**(differential)という．

例 2.11　$N = \mathbf{R}$ の場合，$\mathbf{R}$ の座標を t と書く．$q \in \mathbf{R}$ に対し，$T_q\mathbf{R}$ のベクトル $a\dfrac{\partial}{\partial t}$ と $a \in \mathbf{R}$ とを同一視することにより，線形空間 $T_q\mathbf{R}$ を $\mathbf{R}$ と同一視して考える．滑らかな関数 $f: M \to \mathbf{R}$ に対し，$t = f(x(u))$ を $p \in M$ のまわりの局所座標 $u = (u_1, \cdots, u_n)$ の関数とみると，

$$\mathrm{d}f_p\left(\sum a_i \frac{\partial}{\partial u_i}\right) = \sum a_i \frac{\partial t}{\partial u_i} \frac{\partial}{\partial t}$$

は $\sum a_i \dfrac{\partial t}{\partial u_i}$ と同一視される．よって，$\xi = \sum a_i \dfrac{\partial}{\partial u_i}$ とすると，

$$\mathrm{d}f_p(\xi) = \sum a_i \frac{\partial f(x(u))}{\partial u_i} = \xi f$$

である．すなわち，この場合には，$\mathrm{d}f_p(\xi)$ は f の ξ 方向の微分にほかならない．　□

注意 2.4　わずらわしさを避けるため，局所座標 u に対して，$f(x(u))$ を単に $f(u)$ と書くことが多い．この記法に従い，$\left.\dfrac{\partial f(x(u))}{\partial u_i}\right|_{u=0}$ を $\dfrac{\partial f}{\partial u_i}(u(0))$ と書く．

(b)　臨界点

定義 2.4　$f: M \to \mathbf{R}$ を n 次元多様体 M 上の滑らかな関数とする．点 $p \in M$ において，$\mathrm{d}f_p: T_pM \to \mathbf{R}$ が零写像 ($\mathrm{d}f_p=0$) となるとき，p は f の**臨界点**(critical point)であるという．臨界点でない点 p を f の**正則点**(regular point)という．局所座標 $u=(u_1, \cdots, u_n)$ を用いると，臨界点は

$$\frac{\partial f}{\partial u_i}(p) = 0, \qquad i = 1, \cdots, n$$

となる点 p のことである．　□

また，$c \in \mathbf{R}$ に対して，$f^{-1}(c)$ が臨界点を含むとき c は**臨界値**(critical value)，$f^{-1}(c)$ が臨界点を含まないとき c は**正則値**(regular value)という．$f^{-1}(c)$ が空のときも c は正則値である．

例 2.12　$f(x_1, \cdots, x_n)=\varepsilon_1 x_1{}^2+\varepsilon_2 x_2{}^2+\cdots+\varepsilon_n x_n{}^2$ ($\varepsilon_i=\pm 1$) で定義される関数 $f: \mathbf{R}^n \to \mathbf{R}$ の臨界点は $0=(0, \cdots, 0)$ だけで，$x \neq 0$ は正則点である．また，$0 \in \mathbf{R}$ は臨界値，$c \neq 0$ は正則値である．　□

次の命題は重要である．

命題 2.6　n 次元多様体 M 上の滑らかな関数 $f: M \to \mathbf{R}$ に対し，$c \in \mathbf{R}$ が f の正則値ならば，$f^{-1}(c)$ は M の余次元1の部分多様体(定義2.2)である．

［証明］　正則値の定義により，$p \in f^{-1}(c)$ は f の正則点であるから，p のまわりの局所座標系 $(V'; v_1, \cdots, v_n)$ で

$$\frac{\partial f}{\partial v_n}(p) \neq 0$$

となるものが存在する．したがって，陰関数定理により，$p \in V \subset V'$ となる十分小さい開集合 V をとれば，$f^{-1}(c) \cap V$ 上の v_n は $v_1, \cdots, v_{n-1}$ の滑らかな関数 $v_n=g(v_1, \cdots, v_{n-1})$ として解ける．そこで

$$u_1 = v_1,\ \cdots,\ u_{n-1} = v_{n-1}, \qquad u_n = v_n - g(u_1, \cdots, u_{n-1})$$

とおけば，$f^{-1}(c)\cap V$ の点は $u_n=0$ で特徴づけられるから，$f^{-1}(c)$ は余次元 1 の部分多様体である． ∎

例 2.13　例 2.12 で，$c\neq 0$ ならば $f^{-1}(c)$ はいわゆる有心 2 次超曲面

$$\varepsilon_1 x_1{}^2+\cdots+\varepsilon_n x_n{}^2 = c$$

である．例えば，$\varepsilon_1=\cdots=\varepsilon_n=1$ $(c>0)$ のときは，$f^{-1}(c)$ は $n-1$ 次元球面である．$f^{-1}(c)$ が空であることもあり得る(例：$\varepsilon_1=\cdots=\varepsilon_n=1$, $c<0$)．なお，$c=0$ は臨界値であり，$f^{-1}(c)$ は $n-1$ 次元**錐**である．この場合には，原点 $0\in f^{-1}(0)\subset\mathbf{R}^n$ は $f^{-1}(0)$ のいわゆる**特異点**であり，そこで多様体としての構造が崩れる(図 2.3)． □

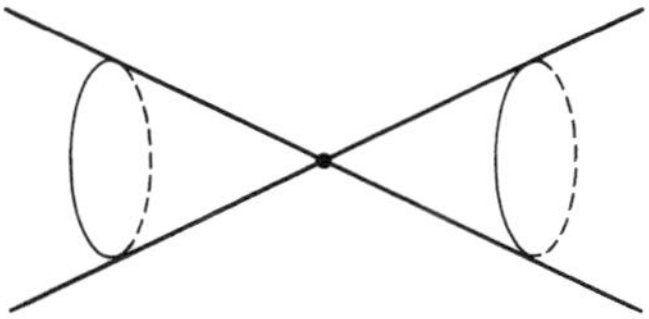

図 2.3　$n=3$, $x_1{}^2-x_2{}^2-x_3{}^2=0$

§2.5　ベクトル場

(a)　ベクトル場

多様体 M の各点 $p\in M$ に対して，その点の接空間 T_pM のベクトル $X_p\in T_pM$ を対応させる写像

$$X:\ M\ni p\longmapsto X_p\in T_pM$$

を M 上の**ベクトル場**(vector field)という(図 2.4)．通常，ベクトル場は次の意味で連続または滑らかなものを考える．すなわち，$M\subset\mathbf{R}^N$, $T_pM\subset\mathbf{R}^N$ である

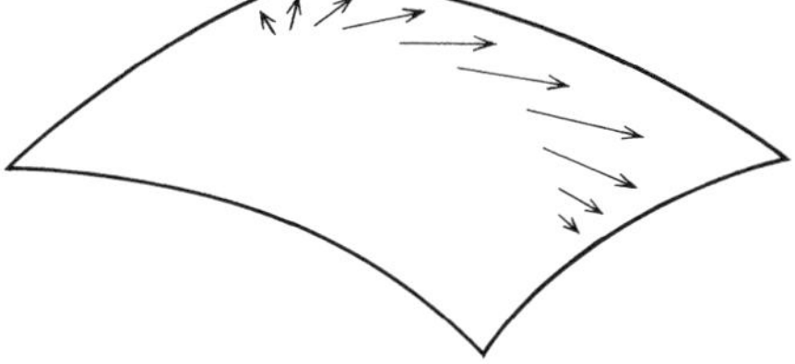

図 2.4

から，X を写像

$$X:\ M \to \mathbf{R}^N$$

とみることができる．この意味で X が連続または滑らかなとき，ベクトル場 X は連続または滑らかであるという．局所座標を用いれば，この定義は次のようにいいかえることもできる．$p\in M$ のまわりの局所座標系 $(V\,;u_1,\cdots,u_n)$ に関する $X_p\in T_pM$ の成分を $(a_1(p),\cdots,a_n(p))$ とすると，容易にわかるように，ベクトル場 X が連続(滑らか)であるためには，V 上の関数 a_i $(i=1,\cdots,n)$ が連続(滑らか)であることが必要かつ十分である．命題 2.4 により，このことは局所座標のとり方によらない性質である．したがってまた，ベクトル場の連続性や滑らかさは埋め込み $M\subset\mathbf{R}^N$ を用いなくても定義されるものである．

例 2.14 n 次球面 $S^n\subset\mathbf{R}^{n+1}$ 上のベクトル場 X は

$$X_p = \xi_1(p)\frac{\partial}{\partial x_1}+\cdots+\xi_{n+1}(p)\frac{\partial}{\partial x_{n+1}}, \qquad p\perp\xi=(\xi_1,\cdots,\xi_{n+1})$$

の形である(例 2.10)．例えば

$$\xi=\begin{cases}(-x_2,\,x_1,\,-x_4,\,x_3,\cdots,-x_{2k},\,x_{2k-1}), & n=2k-1\\ (-x_2,\,x_1,\,-x_4,\,x_3,\cdots,-x_{2k},\,x_{2k-1},\,0), & n=2k\end{cases} \tag{2.4}$$

は S^n 上のベクトル場を与える$(p=(x_1,x_2,\cdots,x_{n+1}))$． □

例 2.14 の(2.4)で与えられるベクトル場 X において，n が奇数のときは，$X_p=0$ となる $p\in S^n$ は存在しないが，n が偶数のときは，集合 $\{p\,;X_p=0\}$ は 2 点

$$\{(0,\cdots,0,\pm1)\}$$

からなる．一般にベクトル場 X に対して，$X_p=0$ となる p を X の**零点**(zero)という．

(b) 勾配ベクトル場

Euclid 空間 $\mathbf{R}^N$ の通常の内積を $\langle\ ,\ \rangle$ と表わす．すなわち，ベクトル $x=(x_1,\cdots,x_N)$，$y=(y_1,\cdots,y_N)$ に対し，

$$\langle x,y\rangle=\sum_{i=1}^N x_iy_i$$

である．多様体 $M\subset\mathbf{R}^N$ の点 p に対してその接空間 T_pM は $\mathbf{R}^N$ の線形部分空

間であるから，$\mathbf{R}^N$ の内積は T_pM の内積も定める．したがって，各点 p に対してその接平面 T_pM の内積 $\langle\ ,\ \rangle$ が定まったことになる．この内積は次の意味で $p\in M$ に関して滑らかに変化している．

p のまわりの局所座標 $(u_1, \cdots, u_n)$ をとると，$\dfrac{\partial}{\partial u_1}, \cdots, \dfrac{\partial}{\partial u_n}$ が T_pM の基底であるから，T_pM 上の内積は n 次正方行列

$$(g_{ij}), \qquad g_{ij} = \left\langle \frac{\partial}{\partial u_i}, \frac{\partial}{\partial u_j} \right\rangle \tag{2.5}$$

で定まる．g_{ij} は $u=(u_1, \cdots, u_n)$ の関数として明らかに滑らかである．なお，行列 (g_{ij}) は正値対称行列であり，特に，正則であることに注意しておこう．

一般に，多様体 M に対して，各点 $p\in M$ の接空間 T_pM 上の内積 $\langle\ ,\ \rangle$ が与えられていて，それに対して上のように作った行列(2.5)が p に関して滑らかなとき，各点における内積を多様体 M の上の **Riemann 計量**(Riemannian metric)という．埋め込み $M\subset\mathbf{R}^N$ と同時に考えるときは，通常上のように $\mathbf{R}^N$ の内積から導かれる Riemann 計量をとるが，場合によっては，任意の計量を使ったり，その場合に適合した計量をとることもある．

注意 2.5 Riemann 計量そのものとそれから導かれる幾何学的事項を対象とする分野に Riemann 幾何学があり，それを中心とする幾何学の分野として微分幾何学がある．本書の立場では，特定の計量にはこだわらない．

さて，$f: M\to\mathbf{R}$ を多様体 M 上の滑らかな関数とする．このとき，M の Riemann 計量 $\langle\ ,\ \rangle$ を一つ定めておくと，f の微分 $\mathrm{d}f$ から次のようにしてベクトル場 ∇f が定まる．すなわち，各点 $p\in M$ に対してベクトル $\nabla f_p\in T_pM$ を等式

$$\langle \nabla f_p, X\rangle = \mathrm{d}f_p(X)\ \ (= Xf) \tag{2.6}$$

が任意の $X\in T_pM$ について成り立つように定める．上の等式(2.6)が ∇f_p を定めることは次のようにして分かる．p のまわりの局所座標 $(u_1, \cdots, u_n)$ をとり，

$$\nabla f_p = \sum_{i=1}^{n} \xi_i \frac{\partial}{\partial u_i}$$

とおく．$X=\dfrac{\partial}{\partial u_j}$ ととると，等式(2.6)は

$$\sum_{i=1}^{n} \xi_i g_{ij} = \frac{\partial f}{\partial u_j}$$

となる．したがって，行列 (g_{ij}) の逆行列を (g^{ij}) とすると，

$$\xi_k = \sum_{j=1}^{n} \frac{\partial f}{\partial u_j} g^{jk} \tag{2.7}$$

となり，$\xi_1, \cdots, \xi_n$ が定まり，ベクトル ∇f_p が定まる．ついでに，(2.7)はベクトル場 ∇f が滑らかであることも示している．

上に定義したベクトル場 ∇f を Riemann 計量 $\langle\ ,\ \rangle$ に関する f の**勾配ベクトル場**(gradient vector field, gradient flow)という．

例 2.15　$M \subset \mathbf{R}^N$ とし，$f : M \to \mathbf{R}$ を

$$f(x_1, \cdots, x_N) = x_N$$

で定義する．すなわち，f は x_N 軸方向の高さをとる関数である．また，Riemann 計量としては，$\mathbf{R}^N$ の通常の内積から導かれるものをとる．この場合に，∇f_p は単位ベクトル $e = (0, \cdots, 0, 1)$ を T_pM に直交射影したものにほかならない．実際，f の定義により，$x \in M \subset \mathbf{R}^N$ に対し，

$$f(x) = \langle e, x \rangle$$

であるから，局所座標 $(u_1, \cdots, u_n)$ をとると，∇f の定義により

$$\left\langle \nabla f_p, \frac{\partial}{\partial u_i} \right\rangle = \frac{\partial f}{\partial u_i} = \left\langle e, \frac{\partial x}{\partial u_i} \right\rangle = \left\langle e, \frac{\partial}{\partial u_i} \right\rangle$$

である．一方，e の T_pM への直交射影を $\bar{e}_p \in T_pM$ と書くと，

$$\left\langle \bar{e}_p, \frac{\partial}{\partial u_i} \right\rangle = \left\langle e, \frac{\partial}{\partial u_i} \right\rangle$$

である．したがって，$\nabla f_p = \bar{e}_p$ である．

§1.2 で，曲面 $M \subset \mathbf{R}^3$ 上でこの形の勾配ベクトルを使い，円盤 $D^2 \subset \mathbf{R}^2$ に対しては(2.7)で定義される勾配ベクトルを使ったが，両者は(2.6)を通して本質的に同じ意味をもつのである．　□

命題 2.7　滑らかな関数 $f : M \to \mathbf{R}$ に対して，f の臨界点と ∇f の零点とは一致する．

［証明］　臨界点 $p \in M$ は $\mathrm{d}f_p = 0$ となる点であり，(2.6)により，それは $\nabla f_p = 0$ となる点 p にほかならない．局所座標を用いれば，それらはともに

$$\frac{\partial f}{\partial u_i}(p) = 0, \quad 1 \leqq i \leqq n$$

となる点である．■

(c) ベクトル場と1助変数変換群

多様体 M 上に一つベクトル場 X が与えられているとする．M 上の滑らかな曲線 $\omega(t)$ に対し，

$$\frac{\mathrm{d}\omega}{\mathrm{d}t}(t) = X_{\omega(t)} \tag{2.8}$$

が任意の t に対して成り立っているとき，曲線 $\omega(t)$ はベクトル場 X の**積分曲線**(integral curve)であるという．ω が開区間 $(-\delta, \delta)$ 上で定義されているとして，$\omega(0)=p$ とし，p のまわりの局所座標 $(u_1, \cdots, u_n)$ により

$$X_q = \sum_{i=1}^{n} \xi_i(q)\frac{\partial}{\partial u_i}, \quad \omega(t) = (u_1(t), \cdots, u_n(t))$$

とすると，(2.8)は

$$\frac{\mathrm{d}u_i}{\mathrm{d}t} = \xi_i(u_1(t), \cdots, u_n(t)), \quad i = 1, \cdots, n \tag{2.9}$$

と書き直せる．これは，いわゆる自励系の常微分方程式であり，$\omega(t)$ は通常の意味での積分曲線にほかならない．この意味で，(2.8)は多様体 M 上の常微分方程式であるということができる．

微分方程式の基本定理により，方程式(2.9)は(したがって方程式(2.8)も)十分小さい $\varepsilon>0$ に対し，$\omega(0)=p$ となる解

$$\omega:\ (-\varepsilon, \varepsilon) \to M$$

をもつ．$\omega(0)=p$ となる方程式(2.8)の解 $\omega: (a, b) \to M$ であって，定義域 (a, b) が極大となるもの(いわゆる極大積分曲線)は一意的である．この極大な定義域を (a_p, b_p)，極大積分曲線を $\varphi(t\,;p)$ と表わすことにする．

$$\frac{\mathrm{d}\varphi(t\,;p)}{\mathrm{d}t} = X_{\varphi(t\,;p)}, \quad \varphi(0\,;p) = p, \quad t \in (a_p, b_p) \tag{2.10}$$

である．これに対し，$\varphi(t+s\,;p)$ $(t+s \in (a_p, b_p))$ を考えると，

$$\left.\frac{\mathrm{d}\varphi(t+s\,;p)}{\mathrm{d}t}\right|_{t=0} = X_{\varphi(s\,;p)}$$

であるから，極大積分曲線の一意性により，

$$\varphi(t+s\,;p)=\varphi(t\,;\varphi(s\,;p)) \tag{2.11}$$

が成り立つ．

そこで，$(t,p)\longmapsto\varphi(t\,;p)$ で定義される写像

$$\varphi:\ W\to M$$

を考えよう．ここで，定義域 W は

$$W=\{(t,p)\in\mathbf{R}\times M\,;\ t\in(a_p,b_p)\}$$

である．微分方程式の基本定理により，W は $\mathbf{R}\times M$ の開集合であり，$\varphi(t\,;p)$ は t と p の両方に関して滑らかである．φ をベクトル場 X が生成する M の**局所1助変数変換群**(local 1-parameter group of local transformations)という．逆に，上のような φ が与えられると，(2.10)によりベクトル場 X が定まり，その X の生成する局所1助変数変換群は φ と一致する．この X を φ の**無限小変換**(infinitesimal transformation)という．なお，

$$\varphi_t(p)=\varphi(t\,;p)$$

という記法を用いると，(2.11)は

$$\varphi_{t+s}(p)=\varphi_t\circ\varphi_s(p)$$

と書き直せる．これから

$$\varphi_t\circ\varphi_s(p)=\varphi_s\circ\varphi_t(p) \tag{2.12}$$

であることを注意しておく．

一般には，局所1助変数変換群 φ の定義域 W は $\mathbf{R}\times M$ と一致しない．$W=\mathbf{R}\times M$ となるとき，すなわち，任意の $p\in M$ に対し，$\varphi_t(p)$ がすべての実数 $t\in\mathbf{R}$ に対して定義されているとき，φ を**1助変数変換群**(1-parameter group of transformations)という．また，そのとき，対応する無限小変換 X は**完備**(complete)であるという．多様体 M がコンパクトであるときは，任意のベクトル場は完備であることが知られている(あとがきの中の参考書参照)．1助変数変換群を**流れ**(flow)と呼ぶこともある．

例 2.16　平面 $\mathbf{R}^2$ に対しては，各点 $p=(x,y)$ に対して，$T_p\mathbf{R}^2=\mathbf{R}^2$ とみる．ベクトル場 X を

$$X_p=(\alpha,\beta)\qquad(\alpha,\beta\in\mathbf{R}\text{ は定数}) \tag{2.13}$$

で定義すると，X は完備であり，その生成する1助変数変換群 φ は

$$\varphi_t(x,y)=(x+t\alpha,\,y+t\beta),\qquad t\in\mathbf{R} \tag{2.14}$$

で与えられる． □

例 2.17　S^2 におけるベクトル場(例 2.14，(2.4))

$$X_p = (-x_2, x_1, 0), \quad p = (x_1, x_2, x_3) \in S^2$$

の生成する1助変数変換群は

$$\varphi_t(p) = (x_1 \cos t - x_2 \sin t,\ x_1 \sin t + x_2 \cos t,\ x_3)$$

で与えられる．$p \neq \pm(0,0,1)$ に対しては，p を通る X の積分曲線の像は赤道に平行な小円である(図 2.5) □

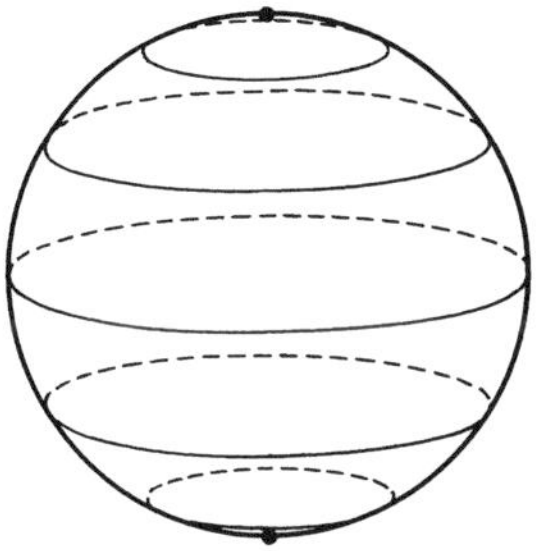

図 2.5

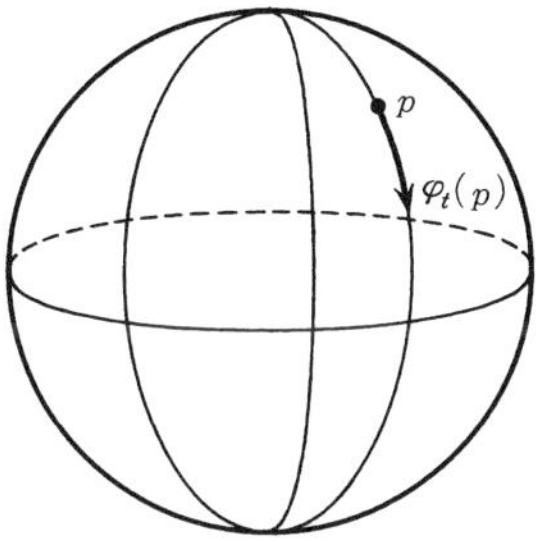

図 2.6

例 2.18　関数 $f: S^2 \to \mathbf{R}$ を $f(x_1, x_2, x_3) = x_3$ で定義する．関数 $-f$ の勾配ベクトル場 X (例 2.15 参照)は

$$X_p = (x_3 x_1, x_3 x_2, x_3{}^2 - 1), \quad p = (x_1, x_2, x_3) \in S^2,$$

X の生成する1助変数変換群(勾配流)は

$$\varphi_t(p) = \left(x_1 \frac{2}{(1-x_3)\mathrm{e}^t + (1+x_3)\mathrm{e}^{-t}},\ x_2 \frac{2}{(1-x_3)\mathrm{e}^t + (1+x_3)\mathrm{e}^{-t}}, \right.$$
$$\left. -\frac{(1-x_3)\mathrm{e}^t - (1+x_3)\mathrm{e}^{-t}}{(1-x_3)\mathrm{e}^t + (1+x_3)\mathrm{e}^{-t}} \right)$$

で与えられる(図 2.6)． □

§2.6　多様体の向き

多様体の向きは線積分における曲線の向き，面積分における曲面の向きという概念を一般の次元の多様体に拡張したものである．一言でいえば，多様体 M に向きをつけるということは，多様体 M の各点 p に対し p に関して“連続”に

なるように接平面 T_pM の向きを定めることである．このことを正確に述べると次のようになる．

n 次元の線形空間 V において，順序のついた基底 $(\boldsymbol{b}_1, \cdots, \boldsymbol{b}_n)$ を V の**枠**(frame)という．線形空間 V の**向き**(orientation)は，V の枠 $(\boldsymbol{b}_1, \cdots, \boldsymbol{b}_n)$ が与えられると定まるものである．二つの枠 $\boldsymbol{b}=(\boldsymbol{b}_1, \cdots, \boldsymbol{b}_n)$, $\boldsymbol{b}'=(\boldsymbol{b}_1', \cdots, \boldsymbol{b}_n')$ に対して，その間の変換行列

$$B = (b_{ij}), \quad \boldsymbol{b}_i' = \sum_{j=1}^{n} b_{ij}\boldsymbol{b}_j, \quad b_{ij} \in \mathbf{R}$$

につき，$\det B>0$ または $\det B<0$ に応じて，$\boldsymbol{b}$, $\boldsymbol{b}'$ の定める向きは同じ，または逆であるという(図2.7参照)．

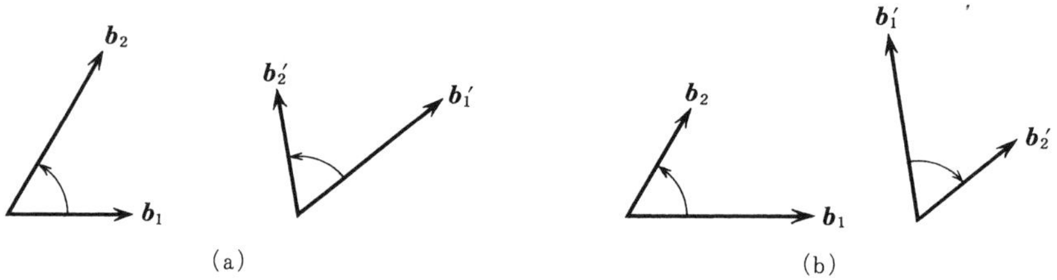

図 2.7　$n=2$, (a) 同じ向き，(b) 逆の向き

枠 $(\boldsymbol{b}_1, \cdots, \boldsymbol{b}_n)$ が定める向きを $[\boldsymbol{b}_1, \cdots, \boldsymbol{b}_n]$ と記すことにする．また，V の向き $\mathcal{O}$ が与えられたとき，$[\boldsymbol{b}_1, \cdots, \boldsymbol{b}_n]=\mathcal{O}$ となる枠 $(\boldsymbol{b}_1, \cdots, \boldsymbol{b}_n)$ を正の枠という．V にはちょうど二つの向きがある．ある向き $\mathcal{O}$ の逆の向きを $-\mathcal{O}$ と記す．

多様体 M において，各点 $p\in M$ に対し，T_pM の向き $\mathcal{O}_p$ が与えられているとしよう．これに対し，次の条件(♭)が満たされているとき，対応 $p\longmapsto \mathcal{O}_p$ は連続であるという．

条件(♭)　各点 $p\in M$ に対し，そのまわりの局所座標系 $(V\,;u_1, \cdots, u_n)$ で，各点 $q\in V$ において

$$\left[\frac{\partial}{\partial u_1}, \cdots, \frac{\partial}{\partial u_n}\right] = \mathcal{O}_q$$

となるものが存在する．

多様体 M において，対応 $p\longmapsto \mathcal{O}_p$ が連続になるように T_pM の向き $\mathcal{O}_p$ を与えることを，M に**向きをつける**(orient)という．また，そのような対応を多

様体の**向き**という．一般には，向きのつけられない多様体も存在する．有名な例は Möbius の帯である(図 2.8)．向きづけが可能な多様体が連結ならば，向きのつけ方はちょうど二つある．

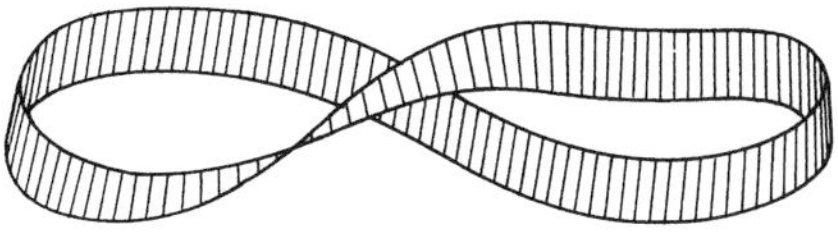

図 2.8

多様体の向きの定義を言い換えることにより，次の命題を得る．

命題 2.8　多様体 M が向きづけ可能であるためには，次の条件(i)，(ii)を満たす M の局所座標系の集まり $\{(V_\alpha; u_{\alpha 1}, \cdots, u_{\alpha n})\}$ が存在することが必要かつ十分である：

(i)　$\{V_\alpha\}$ は M の開被覆となる．すなわち

$$\bigcup V_\alpha = M.$$

(ii)　$V_\alpha \cap V_\beta \neq \emptyset$ のとき，

$$\frac{\partial(u_{\beta 1}, \cdots, u_{\beta n})}{\partial(u_{\alpha 1}, \cdots, u_{\alpha n})} > 0.$$ □

多様体が向きづけ可能であるための十分条件を一つあげておく．多様体 M の中の任意の閉曲線が“連続的に1点に縮められる”とき，M は単連結であるという．例えば，$\mathbf{R}^n$ は単連結である．また，$n \geqq 2$ のとき，n 次元球面 S^n は単連結である．単連結な多様体は向きづけ可能である．一方，円 S^1 やトーラス $T = S^1 \times S^1$ は単連結ではないが，向きづけ可能である．また，第1章で扱った空間内の閉曲面も向きづけ可能である．

注意 2.6　0次元の多様体は孤立した点集合にほかならない．この場合には，向きづけは各点に対し符号 ± 1 を定めることと定義する．

例 2.19　M は向きづけられた n 次元多様体，M_1, M_2 は横断的に交わる M の n_1 次元，n_2 次元部分多様体で，ともに向きがつけられているとする．このとき，$M_1 \cap M_2$ は $n_1 + n_2 - n$ 次元多様体であるが(命題 2.5)，$M_1 \cap M_2$ も向きづけ可能であり，その向きは通常次のように定められる．

多様体 M, M_1, M_2 の点 $p\in M_1\cap M_2$ における向きをそれぞれ $\mathcal{O}, \mathcal{O}_1, \mathcal{O}_2$ とする．命題2.5により，T_pM の基底

$$\boldsymbol{b}_1, \cdots, \boldsymbol{b}_{n-n_2},\ \boldsymbol{c}_1, \cdots, \boldsymbol{c}_{n_1+n_2-n},\ \boldsymbol{d}_1, \cdots, \boldsymbol{d}_{n-n_1}$$

で $\boldsymbol{b}_1, \cdots, \boldsymbol{b}_{n-n_2},\ \boldsymbol{c}_1, \cdots, \boldsymbol{c}_{n_1+n_2-n}$ が T_pM_1 を張り，$\boldsymbol{c}_1, \cdots, \boldsymbol{c}_{n_1+n_2-n},\ \boldsymbol{d}_1, \cdots, \boldsymbol{d}_{n-n_1}$ が T_pM_2 を張るものが存在する．そこで

$$[\boldsymbol{b}_1, \cdots, \boldsymbol{b}_{n-n_2}, \boldsymbol{c}_1, \cdots, \boldsymbol{c}_{n_1+n_2-n}, \boldsymbol{d}_1, \cdots, \boldsymbol{d}_{n-n_1}] = \varepsilon\mathcal{O}, \quad \varepsilon = \pm 1$$
$$[\boldsymbol{b}_1, \cdots, \boldsymbol{b}_{n-n_2}, \boldsymbol{c}_1, \cdots, \boldsymbol{c}_{n_1+n_2-n}] = \varepsilon_1\mathcal{O}_1, \quad \varepsilon_1 = \pm 1$$
$$[\boldsymbol{c}_1, \cdots, \boldsymbol{c}_{n_1+n_2-n}, \boldsymbol{d}_1, \cdots, \boldsymbol{d}_{n-n_1}] = \varepsilon_2\mathcal{O}_2, \quad \varepsilon_2 = \pm 1$$

としたとき，$T_p(M_1\cap M_2) = T_pM_1\cap T_pM_2$ の向きを

$$\varepsilon\varepsilon_1\varepsilon_2[\boldsymbol{c}_1, \cdots, \boldsymbol{c}_{n_1+n_2-n}]$$

で定めるのである．この向きを，M_1 の向き $\mathcal{O}_1$ と M_2 の向き $\mathcal{O}_2$ の交わりということにする．特に $n=n_1+n_2$ のときは，$M_1\cap M_2$ は孤立した点の集まりであり，例えば $p\in M_1\cap M_2$ において

$$[\boldsymbol{b}_1, \cdots, \boldsymbol{b}_{n_1}] = \mathcal{O}_1, \quad [\boldsymbol{d}_1, \cdots, \boldsymbol{d}_{n_2}] = \mathcal{O}_2$$

となる基底をとっておくと，点 p の向きは次式の符号 ε により定められる：

$$[\boldsymbol{b}_1, \cdots, \boldsymbol{b}_{n_1}, \boldsymbol{d}_1, \cdots, \boldsymbol{d}_{n_2}] = \varepsilon\mathcal{O}.$$

なお，この場合，$[\boldsymbol{b}_1, \cdots, \boldsymbol{b}_{n_1}, \boldsymbol{d}_1, \cdots, \boldsymbol{d}_{n_2}]$ を向き $\mathcal{O}_1$ の次に向き $\mathcal{O}_2$ を並べた M の向きということにする． □

注意2.7 例2.19における $M_1\cap M_2$ の向きの定め方で，M_1，M_2 の順序が大事である．例えば $n=n_1+n_2$ のとき，$p\in M_1\cap M_2$ において $\mathcal{O}_1$ と $\mathcal{O}_2$ の交わりを $\mathcal{O}_1\cap\mathcal{O}_2$，$\mathcal{O}_2$ と $\mathcal{O}_1$ の交わりを $\mathcal{O}_2\cap\mathcal{O}_1$ と記すと，

$$\mathcal{O}_2\cap\mathcal{O}_1 = (-1)^{n_1n_2}\,\mathcal{O}_1\cap\mathcal{O}_2 \tag{2.15}$$

が成り立つ．

演習問題

2.1 多様体 M_1, M_2 に対し，その直積 $M_1\times M_2$ も多様体になる．M_1, M_2 の局所座標系から $M_1\times M_2$ の局所座標系を構成すること，M_1, M_2 の接空間から $M_1\times M_2$ の接空間を構成することを考察せよ．

2.2 第1章，図1.3のトーラスは $S^1\times S^1$ と微分同相であることを示せ．

2.3 $n_1\geqq n_2$ とし，$f: M_1\to M_2$ を n_1 次元多様体 M_1 から n_2 次元多様体 M_2 への

滑らかな写像とする．点 $p \in M_1$ において，$\mathrm{d}f_p : T_pM_1 \to T_{f(p)}M_2$ が全射になるとき，p は f の**正則点**であるという(正則点でない点を**臨界点**という)．$q \in M_2$ に対し，$f^{-1}(q)$ が正則点ばかりからなるときに，q を**正則値**という．q が正則値ならば，$f^{-1}(q)$ は M_1 の余次元 n_2 の部分多様体であることを証明せよ．

2.4 M_1, M_2 を多様体，$N \subset M_2$ を余次元 d の部分多様体とする．滑らかな写像 $f : M_1 \to M_2$ に対し，

$$\mathrm{d}f_p(T_pM_1) + T_{f(p)}N = T_{f(p)}M$$

が各点 $p \in f^{-1}(N)$ において成り立っているとき，f は部分多様体 N と**横断的**であるという($N=\{q\}$ であるときは，f が N と横断的であることと q が f の正則点であることは同値である)．そのとき，$f^{-1}(N)$ は M_1 の余次元 d の部分多様体であることを証明せよ．また，この事実と命題 2.5 との関連を考察せよ．

2.5 $\varphi : \mathbf{R} \times M \to M$ を 1 助変数変換群とする．すなわち，

$$\varphi(s+t, x) = \varphi(s, \varphi(t, x)), \quad \varphi(1, x) = x$$

がすべての $s, t \in \mathbf{R}$, $x \in M$ に対して成り立っているとする(φ は滑らかな写像)．このとき，φ を生成するベクトル場 X が一意的に定まることを示せ．

2.6 $f : \mathbf{R}^{n+1} \to \mathbf{R}$ を滑らかな写像で，$0 \in \mathbf{R}$ は f の正則値であるとする．$\mathbf{R}^{n+1}$ の通常の内積が定める Riemann 計量に関する f の勾配ベクトル場 ∇f は，各点 $p \in M = f^{-1}(0)$ において T_pM と直交することを示せ．また，T_pM の向き $\mathcal{O}_p$ を，∇f の向きの次に $\mathcal{O}_p$ を並べると $\mathbf{R}^{n+1}$ の正の向きとなるように定めることにすると，$\mathcal{O} = \{\mathcal{O}_p\}$ は多様体 M の向きを与えることを証明せよ．

2.7 M_1, M_2 をともに向きづけられた n 次元多様体，$f : M_1 \to M_2$ を微分同相写像とする．$p \in M_1$, $p' = f(p) \in M_2$ における向きをそれぞれ $\mathcal{O}_p = [\boldsymbol{b}_1, \cdots, \boldsymbol{b}_n]$, $\mathcal{O}_{p'} = [\boldsymbol{b}_1', \cdots, \boldsymbol{b}_n']$ として，

$$f_* \mathcal{O}_p = [\mathrm{d}f_p(\boldsymbol{b}_1), \cdots, \mathrm{d}f_p(\boldsymbol{b}_n)]$$

が $\mathcal{O}_{p'}$ と同じ向きであるとき，f は $p \in M$ において**向きを保つ**(orientation preserving)という．M_1, M_2 が連結であるとき，f がある点で向きを保てば，f は任意の点で向きを保つことを示せ．さらに，球面 S^n (演習問題 2.6 によって向きが定まる)に対し，$f : S^n \to S^n$ を

$$f(x) = -x$$

で定義すると，n が奇数ならば f は向きを保ち，n が偶数ならば f は向きを逆にする(すなわち，向きを保たない)ことを示せ．この事実を用いて，n が偶数のとき，射影空間 $\boldsymbol{RP}^n$ は向きづけ不可能であることを証明せよ(例 2.4 参照)．

第 3 章

Morse 関数

第 1 章では，曲面上の関数で，各臨界点での Hesse 行列が正則になるものを考察し，そのような関数が曲面の Euler 数と密接につながっていることを見た．このような関数が Morse 関数とよばれるものである．n 次元の多様体上の関数の臨界点 p における Hesse 行列は n 次対称行列であり，その負の固有値の個数を λ_p と書くと，

$$\chi = \sum_p (-1)^{\lambda_p}$$

は関数のとり方によらず，考えている多様体 M だけできまる．これが(1.1)や(1.2),(1.4)に対応する事実である．上式の不変量 χ を多様体 M の Euler 数という．

上の状況を説明するのに，その関数から定まるある種の M の“分解”を考察する必要がある．その分解は，関数の勾配ベクトル場を用いて，安定多様体と非安定多様体として得られる．

上の分解は多様体 M の位相を反映しているものであるが，そこから Euler 数に到達するためには代数的な処理が必要である．その処理は鎖複体とそのホモロジー群を用いて行なわれる．

この章では，Morse 関数の基本事項，安定多様体と非安定多様体による多様体の分解，分解から構成する鎖複体について解説する．

§3.1 Morse 関数

M を n 次元多様体，$f: M \to \mathbf{R}$ を滑らかな関数とする．f の臨界点 $p \in M$ のまわりの局所座標 $(u_1, \cdots, u_n)$ に対して，行列

$$Hf_p = \left(\frac{\partial^2 f}{\partial u_i \partial u_j}\right)$$

を関数 f の臨界点 p における **Hesse 行列**(Hessian)という．滑らかな関数 f に対しては $\dfrac{\partial^2 f}{\partial u_i \partial u_j} = \dfrac{\partial^2 f}{\partial u_j \partial u_i}$ であるから，Hf_p は対称行列である．したがって，Hf_p の固有値はすべて実数である．Hf_p の負の固有値の個数 λ を関数 f の臨界点 p における**指数**(index)という．指数は座標のとり方によらず，点 p だけで定まることは容易に確かめられる．

定義 3.1 Hesse 行列 Hf_p が正則行列であるとき，すなわち，$\det Hf_p \neq 0$ であるとき，臨界点 p は**非退化**(non-degenerate)であるという．滑らかな写像 f の臨界点がすべて非退化であるとき，関数 f を **Morse 関数**という． □

非退化臨界点 $p \in M$ に対して，Hf_p の正の固有値の個数を μ とすると，$\mu = n - \lambda$ である($n = \dim M$)．

例 3.1 $f: \mathbf{R}^n \to \mathbf{R}$ を

$$f(x_1, \cdots, x_n) = -{x_1}^2 - \cdots - {x_\lambda}^2 + {x_{\lambda+1}}^2 + \cdots + {x_n}^2$$

で定義すると，$0 = (0, \cdots, 0) \in \mathbf{R}^n$ は非退化臨界点で，そこでの f の指数は λ である． □

例 3.2 $a_0 < a_1 < \cdots < a_n$ として，実射影空間 $\boldsymbol{RP}^n$ 上の関数 $f: \boldsymbol{RP}^n \to \mathbf{R}$ を

$$f([x_0, \cdots, x_n]) = \frac{a_0 {x_0}^2 + \cdots + a_n {x_n}^2}{{x_0}^2 + \cdots + {x_n}^2}$$

により定義する．$p_k = [0, \cdots, 0, \overset{\overset{k}{\vee}}{1}, 0, \cdots, 0]$ とおくと，f の臨界点は $p_0, \cdots, p_n$ であり，それらはすべて非退化である．したがって，f は Morse 関数である．p_k のまわりの座標として，$u_1 = x_0/x_k$, $\cdots$, $u_k = x_{k-1}/x_k$, $u_{k+1} = x_{k+1}/x_k$, $\cdots$, $u_n = x_{n+1}/x_k$ をとると，そこでは

$$f(u) = \frac{a_k + a_0 {u_1}^2 + \cdots + a_{k-1} {u_k}^2 + a_{k+1} {u_{k+1}}^2 + \cdots + a_n {u_n}^2}{1 + \sum {u_i}^2}$$

と書ける．$(u_1, \cdots, u_n)=(0, \cdots, 0)$ における Hesse 行列は

$$2\begin{pmatrix} a_0-a_k & & & & & \\ & \ddots & & & O & \\ & & a_{k-1}-a_k & & & \\ & & & a_{k+1}-a_k & & \\ & O & & & \ddots & \\ & & & & & a_n-a_k \end{pmatrix}$$

となるから，p_k における f の指数は k に等しい． □

例 3.3 例 3.2 と同様に，複素射影空間 $\boldsymbol{CP}^n$ 上の関数 f を

$$f([z_0, \cdots, z_n]) = \frac{a_0|z_0|^2+\cdots+a_n|z_n|^2}{|z_0|^2+\cdots+|z_n|^2}$$

で定義すると，f は Morse 関数である．その臨界点 $p_k=[0, \cdots, 0, \overset{k}{\overset{\vee}{1}}, 0, \cdots, 0]$ における f の指数は $2k$ に等しい． □

注意 3.1 任意の多様体 M に対して，その上の Morse 関数はいくらでも存在する．それを見るためには，$M\subset\mathbf{R}^N$ とし，$e\in\mathbf{R}^N$ $(e\neq0)$ を一つ定めて

$$f_e(q) = \langle q, e\rangle \qquad (\langle\ ,\ \rangle \text{ は } \mathbf{R}^N \text{ の内積})$$

とおく．ほとんどすべての e に対して f_e は Morse 関数となる(演習問題 3.2 参照)．また，$p_0\in\mathbf{R}^N$ を一つ定めて

$$g_{p_0}(q) = \|q-p_0\|^2$$

とおくと，ほとんどすべての p_0 に対して g_{p_0} は Morse 関数である(あとがきであげた参考書 [4] 参照)．

命題 3.1 滑らかな関数 $f: M\to\mathbf{R}$ の非退化臨界点 $p\in M$ に対し，p のまわりの座標系 $(u_1, \cdots, u_n)$ で

$$f(u) = f(0)-{u_1}^2-{u_2}^2-\cdots-{u_\lambda}^2+{u_{\lambda+1}}^2+\cdots+{u_n}^2$$

の形となるものが存在する(点 p は $0=(0, \cdots, 0)$ に対応)． □

(証明は参考書 [4], [7], [14] を参照)．

一般に，関数の臨界点近くでの振舞いは複雑であるが，命題 3.1 が示すように，臨界点が非退化である場合にはその振舞いは指数だけで定まってしまう．なお，命題 3.1 からもわかるように，非退化臨界点は孤立している(その近くに他の臨界点はない)．

§3.2 安定多様体，非安定多様体

以下，簡単のため M を n 次元コンパクト多様体とし，$f:M\to\mathbf{R}$ を Morse 関数とする．M のコンパクト性により，多様体 M の任意の Riemann 計量に関する f の勾配ベクトル場 ∇f は完備である．$-\nabla f=\nabla(-f)$ の生成する1助変数変換群($-f$ の勾配流)を φ_t とする．

例 3.4 $\mathbf{R}^n$ 上の Morse 関数

$$f(x) = -{x_1}^2-\cdots-{x_\lambda}^2+{x_{\lambda+1}}^2+\cdots+{x_n}^2, \quad x = (x_1, \cdots, x_n)$$

に対し，$\mathbf{R}^n$ の通常の内積から定まる Riemann 計量に関する f の勾配ベクトル場 ∇f は

$$\nabla f = 2(-x_1, \cdots, -x_\lambda, x_{\lambda+1}, \cdots, x_n)$$

で与えられる．よって，$-\nabla f$ の生成する1助変数変換群は

$$\varphi_t(x) = (x_1\mathrm{e}^{2t}, \cdots, x_\lambda\mathrm{e}^{2t}, x_{\lambda+1}\mathrm{e}^{-2t}, \cdots, x_n\mathrm{e}^{-2t})$$

で与えられる(図3.1)． □

命題3.1により，Morse 関数の指数 λ の臨界点の近くでの振舞いは例3.4のものと本質的に同じであり，流れ $\varphi_t(q)$ の状況は図3.1に図示されている．一

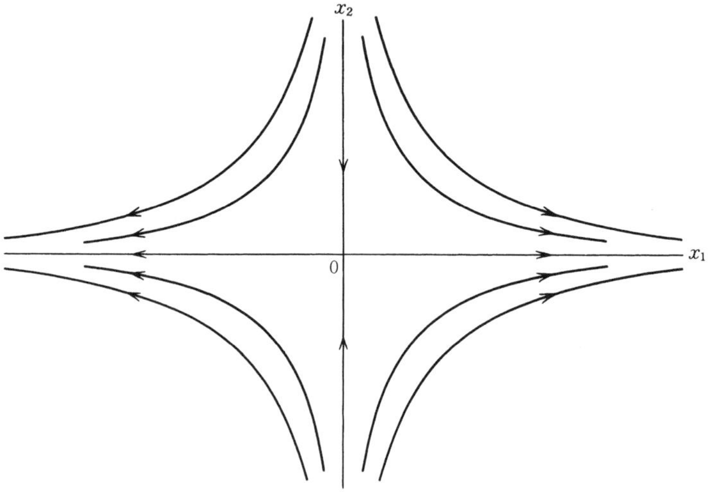

図 3.1 $\varphi_t(x)$：臨界点付近，$n=2$, $\lambda=1$

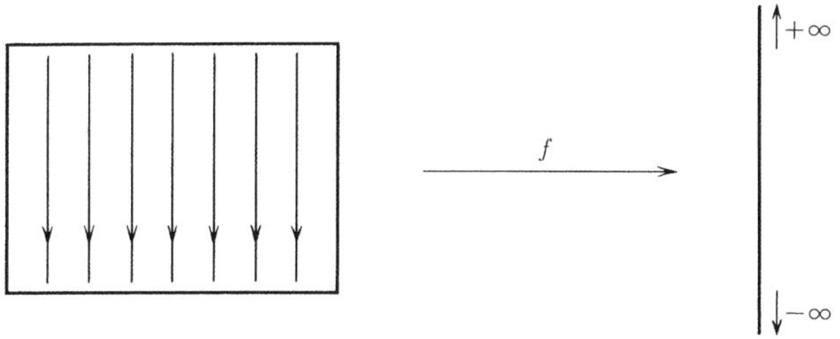

図 3.2　$\varphi_t(q)$：通常点付近，$n=2$

方，通常点の近くでは，$\varphi_t(q)$ は図 3.2 のように流れる．注意すべきことは，通常点の近くでは，$f(\varphi_t(q))$ が t に関して減少関数であることである．

M のコンパクト性とこの事実を用いると容易に次の命題を得る．

命題 3.2　任意の $q\in M$ に対し，$\lim_{t\to+\infty}\varphi_t(q)$ が存在し，それはどれかの臨界点と一致する．$\lim_{t\to-\infty}\varphi_t(q)$ についても同様である．　□

定義 3.2　Morse 関数 f の臨界点 $p\in M$ に対し

$$W^s(p)=\{q\in M;\ \lim_{t\to+\infty}\varphi_t(q)=p\}$$

$$W^u(p)=\{q\in M;\ \lim_{t\to-\infty}\varphi_t(q)=p\}$$

をそれぞれ p の**安定多様体**(stable manifold)，**非安定多様体**(unstable manifold) という．　□

明らかに，

$$W^s(p)\cap W^u(p)=\{p\}$$

である．

例 3.5　$\mathbf{R}^n$ 上の Morse 関数

$$f(x)=-x_1{}^2-\cdots-x_\lambda{}^2+x_{\lambda+1}{}^2+\cdots+x_n{}^2,\qquad x=(x_1,\cdots,x_n)$$

の臨界点 $0=(0,\cdots,0)$ に対し，

$$W^u(x)=\{(x_1,\cdots,x_\lambda,0,\cdots,0);\ x_i\in\mathbf{R}\}$$
$$W^s(x)=\{(0,\cdots,0,x_{\lambda+1},\cdots,x_n);\ x_j\in\mathbf{R}\}$$

である(例 3.4 と図 3.3 参照)．　□

例 3.5 と命題 3.1 とから次の命題が予想されるが，それは実際に確かめられる(参考書 [6], [8] 参照)．

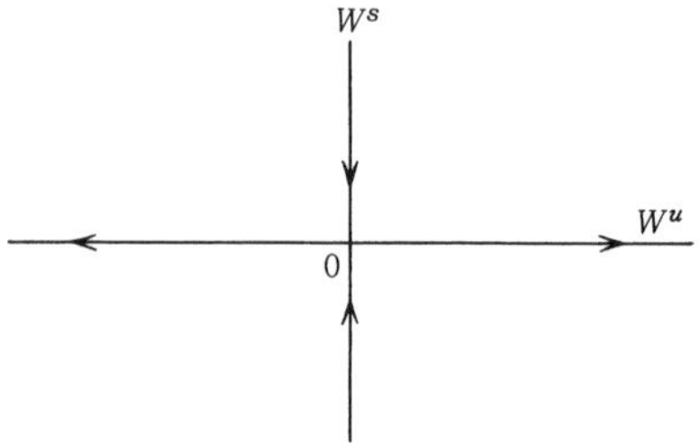

図 3.3 $n=2,\ \lambda=1$

命題 3.3 Morse関数の指数λの臨界点$p \in M$の非安定多様体$W^u(p)$はMのλ次元部分多様体，安定多様体$W^s(p)$は$n-\lambda$次元の部分多様体であり，両者はpで横断的に交わる．しかも，$W^u(p)$は$\mathbf{R}^\lambda$と，$W^s(p)$は$\mathbf{R}^{n-\lambda}$と微分同相である． □

M上のMorse関数fの臨界点全体の集合SはコンパクトなMの中の孤立閉集合だからSは有限集合である．非安定多様体全体の集合

$$\{W^u(p);\ p \in S\}$$

も有限集合である．$p, p' \in S$, $p \neq p'$ならば$W^u(p) \cap W^u(p') = \emptyset$であり，命題3.2から

$$\bigcup_{p \in S} W^u(p) = M$$

である．したがって，$\{W^u(p)\}$は胞体($\mathbf{R}^\lambda$と同相な位相空間)によるMの分割を与える．

次に，$p \neq p'$として非安定多様体$W^u(p)$と安定多様体$W^s(p')$の交わりを考察する．一般には$W^u(p) \cap W^s(p')$は複雑な部分集合となる．そこで，次の条件を導入する．

Morse-Smaleの条件 任意の$p, p' \in S$に対して，$W^u(p)$と$W^s(p')$とは横断的に交わる．

命題 3.4 fの$p,\ p' \in S$における指数をそれぞれλ, λ'とすると，Morse-Smaleの条件のもとに，$W^u(p) \cap W^s(p')$はMの部分多様体で，

$$\dim(W^u(p) \cap W^s(p')) = \lambda - \lambda'$$

である．

［証明］ 命題3.3と命題2.5を組み合わせればよい． ■

例 3.6　図 3.4 は $\mathbf{R}^3$ の中におかれたトーラスに対する $-x_3$ の勾配流の様子を示している．(a)では $\overline{W^s(p_1)}=\overline{W^u(p_2)}$ であるが，p_1, p_2 における指数はともに 1 だから，(a)の流れは Morse-Smale ではない．(b)は Morse-Smale である．　□

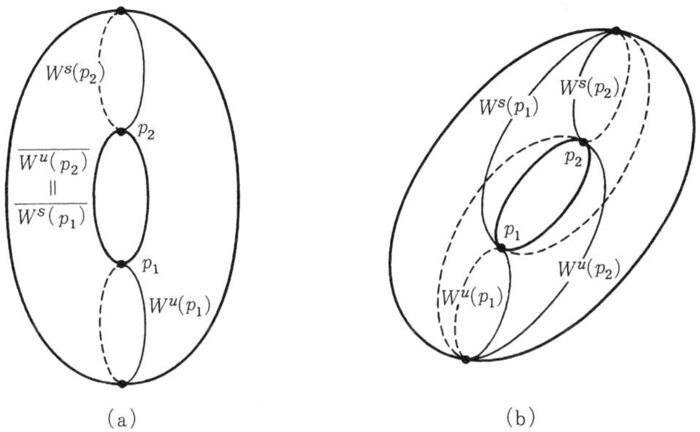

図 3.4

命題 3.5　M をコンパクト多様体，$f: M \to \mathbf{R}$ を Morse 関数とする．任意に Riemann 計量をとったとき，ベクトル場 $-\nabla f$ をごく僅か変化させることにより，対応する勾配流 φ_t が Morse-Smale の条件を満たすようにすることができる．　□

命題 3.5 の詳細については，あとがきであげた参考書 [9] を参照されたい．図 3.4 の(a)は Morse-Smale の条件を満たしていないが，トーラスを空間の中で少し動かせば，(b)のように Morse-Smale の条件が満たされる．トーラスを少し動かすことは Morse 関数 f 自体を動かすことに相当し，勾配流 φ_t(勾配ベクトル場 $-\nabla f$ といってもよい)が少し変化することになる．それにより Morse-Smale の条件が実現されるのである．

§3.3　Morse 関数と鎖複体

$f: M \to \mathbf{R}$ をコンパクト多様体 M 上の Morse 関数とし，対応する勾配流 φ_t は Morse-Smale の条件を満たしているとする．f の臨界点の集合を S と記す．

また，$p \in S$ に対して，f の p における指数を λ_p と記す．

命題 3.4 により

$$\dim(W^u(p) \cap W^s(q)) = \lambda_p - \lambda_q \tag{3.1}$$

である．$W^u(p) \cap W^s(q) \neq \emptyset$ ならば，定義により，$W^u(p) \cap W^s(q)$ はその中の点を通る積分曲線の像全体を含む．このことと (3.1) から容易に次の補題が得られる．

補題 3.1 $\lambda_p = \lambda_q$ ならば，$W^u(p) \cap W^s(q) = \emptyset$ である．また，$\lambda_p - \lambda_q = 1$ のときは，

$$W^u(p) \cap W^s(q) = \bigcup J_i(p, q), \qquad J_i(p, q) \cap J_j(p, q) = \emptyset \quad (i \neq j)$$

の形である．ここで，各 $J_i(p, q)$ は一つの積分曲線の像である．したがって，$J_i(p, q)$ は $\mathbf{R}$ と同相である． □

さて，この章の初めに書いたように，$\sum_{p \in S} (-1)^{\lambda_p}$ は Morse 関数 f のとり方によらず多様体 M だけで決まる量である．その事実の説明の根底にあるのが次に述べる鎖複体と次章のホモロジー群である．当面の目標をはっきりさせるため，一般に鎖複体の定義を与えよう．

定義 3.3 次のような線形空間から線形空間への線形写像の列で，$\partial_{k-1} \circ \partial_k = 0$ $(1 \leqq k \leqq n)$ となるものを**鎖複体**(chain complex)という：

$$C_n \xrightarrow{\partial_n} C_{n-1} \xrightarrow{\partial_{n-1}} \cdots \to C_k \xrightarrow{\partial_k} C_{k-1} \to \cdots \to C_1 \xrightarrow{\partial_1} C_0$$

これに対して，C_k を k 次の**鎖群**(chain group)，∂_k を**境界作用素**(boundary operator)という．また，C_k の元を k 次の**鎖**(chain)という． □

注意 3.2 (i) 混乱のおそれがない限り，∂_k を単に ∂ と書くことが多い．また，鎖複体を (C_*, ∂) とか C_* と記すこともある．

(ii) C_k として "加群"(Abel 群)，∂ として加群の "準同型" をとることも可能である．実際，Morse 関数の場合も，そのような複体を定義することができる．

(iii) 鎖複体の定義で，添え数 k が非負の整数全体や，整数全体にわたる場合も考えることがある．

以上の準備の下に，コンパクト多様体 M 上の Morse 関数 $f: M \to \mathbf{R}$ に対して次のように鎖複体を対応させる．命題 3.5 のように，勾配流 φ_t が Morse-Smale となるようにしておき，$0 \leqq k \leqq n$ に対し，$S_k = \{p \in S\,;\, \lambda_p = k\}$ を基底と

する線形空間を C_k とする．すなわち，

$$C_k = \left\{ \sum_{p \in S_k} a_p[p]\,;\ a_p \in \mathbf{R} \right\}$$

である．ここで，$[p]$ は $p \in S_k$ に対応するシンボルで，

$$\sum a_p[p] = \sum b_p[p] \iff a_p = b_p,\ \forall p \in S_k$$

が成り立つものと約束する．$S_k = \emptyset$ のときは，$C_k = 0$ $(0 = \{0\})$ と解釈する．もちろん，線形空間としての演算は

$$\sum a_p[p] + \sum b_p[p] = \sum (a_p + b_p)[p]$$
$$\alpha \sum a_p[p] = \sum \alpha a_p[p]$$

で与えられる．なお，通常は混乱のおそれがないので，シンボル $[p]$ のかわりに単に p と書く．それに応じて，C_k の元は

$$\sum_{p \in S_k} a_p p$$

の形に書かれることになる．

次に，境界作用素 ∂ を定義する．簡単のために，本書では多様体 M が向きづけ可能であるとして話をすすめる．まず，M の向きを定め，次に各 $p \in S$ に対して $W^u(p)$ の向きを任意に定めておく（$W^u(p)$ は $\mathbf{R}^{\lambda_p}$ と同相で単連結であるから向きづけ可能）．$W^s(p)$ は $W^u(p)$ と横断的に交わるから，$W^s(p)$ の向きと $W^u(p)$ の向きの（その順序による）交わりとして点 p に生ずる向きが $+1$ となるように，$W^s(p)$ の向きを定める（例 2.19 参照）．次に，$p, q \in S$ に対して，$W^s(q)$ の向きと $W^u(p)$ の向きの（その順序による）交わりの向きによって，$W^s(q) \cap W^u(p)$ に向きをつける．特に $\lambda_p - \lambda_q = 1$ のときは

$$W^s(q) \cap W^u(p) = \bigcup J_i(p, q)$$

の各連結成分 $J_i(p, q)$（補題 3.1）に向きが定まる．一方，各 $J_i(p, q)$ は積分曲線の像だから，勾配流 φ_t の流れる方向に向きがつく．$J_i(p, q)$ における上の二つの向きが一致するか逆になるかに応じて，符号 $\varepsilon(J_i(p, q))$ を $+1$ または -1 として定義する．

そこで，$\lambda_p - \lambda_q = 1$ のとき

$$m(p, q) = \sum_i \varepsilon(J_i(p, q)) \tag{3.2}$$

とおき（$W^s(q) \cap W^u(p) = \emptyset$ のときは $m(p, q) = 0$ とする），$\partial : C_k \to C_{k-1}$ を

$$\partial\left(\sum_{p\in S_k} a_p p\right) = \sum_{p\in S_k} a_p \partial p, \qquad \partial p = \sum_{q\in S_{k-1}} m(p, q)\, q$$

により定義するのである.

例 3.7 図 3.5(a) のトーラス T^2 では

$$\partial:\ C_2 \to C_1, \qquad \partial p^2 = (+1+(-1))\, p_1^1 + (+1+(-1))\, p_2^1 = 0$$

$$\partial:\ C_1 \to C_0, \qquad \partial p_1^1 = (+1+(-1))\, p^0 = 0, \qquad \partial p_2^1 = (+1+(-1))\, p^0 = 0$$

である. 図 3.5(b) の球面 S^2 の場合では

$$\partial:\ C_2 \to C_1, \qquad \partial p_1^2 = (-1)\, p^1 = -p^1, \qquad \partial p_2^2 = (+1)\, p^1 = p^1$$

$$\partial:\ C_1 \to C_0, \qquad \partial p^1 = (+1+(-1))\, p^0 = 0$$

である. □

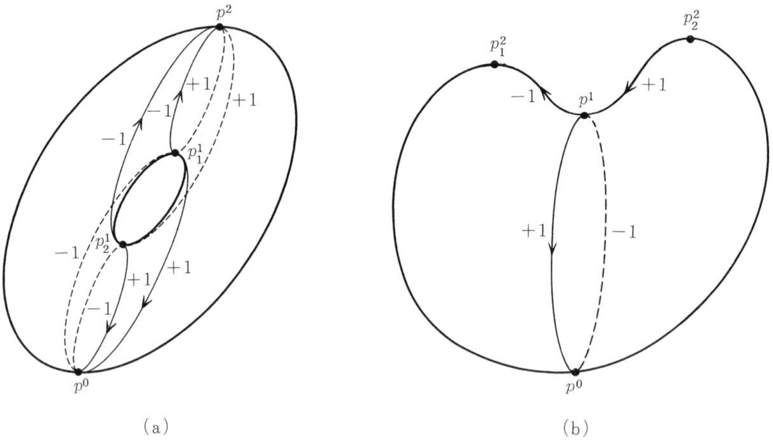

図 3.5 (a) トーラス T^2, (b) 球面 S^2

命題 3.6 上に定義した $\partial: C_k \to C_{k-1}$ は

$$\partial\circ\partial = 0$$

を満たす.

[証明] $p\in S_k$ とする.

$$\partial\circ\partial p = \sum_{r\in S_{k-2}}\left(\sum_{q\in S_{k-1}} m(p, q)\, m(q, r)\right) r$$

であるから, p と r を固定して

$$\sum_{q\in S_{k-1}} m(p, q)\, m(q, r) = 0 \tag{3.3}$$

を証明すればよい．(3.2)により(3.3)の左辺は

$$\sum_{q \in S_{k-1}} \left(\sum_{i,j} \varepsilon(J_i(p,q))\,\varepsilon(J_j(q,r)) \right) \tag{3.4}$$

と書ける．

一方，$p \in S_k$, $r \in S_{k-2}$ に対し，Morse-Smale の条件から

$$W^s(r) \cap W^u(p) = \bigcup_l O(l), \quad O(l) \cap O(l') = \emptyset \quad (l \neq l')$$

となる．ここで，各 $O(l)$ は M の 2 次元部分多様体で，それぞれ $\mathbf{R}^2$ と同相である．しかも，$O(l)$ の閉包 $\overline{O(l)}$ に含まれる $J_i(p,q)$ はたかだか 2 個であり，$J_j(q,r)$ についても同様である．q を固定して，q に収束する $O(l)$ の中の点列 $\{q_\nu\}$ で，任意の $t \in \mathbf{R}$ に対し $\varphi_t(q_\nu)$ が $\overline{J_i(p,q)} \cup \overline{J_j(q,r)}$ の点に収束するものが存在するとき，$\overline{J_i(p,q)} \cup \overline{J_j(q,r)}$ は $O(l)$ の端であるということにする．各 $\overline{J_i(p,q)} \cup \overline{J_j(q,r)}$ は少なくとも一つの $O(l)$ の端になっている．

補題 3.2

(i)　各 $O(l)$ はちょうど 2 個の端をもつ．

(ii)　一つの $\overline{J_i(p,q)} \cup \overline{J_j(q,r)}$ を端とする $O(l)$ はちょうど 1 個である．□

補題 3.2 を認めて，(3.4)を証明しよう．一つの $O(l)$ の端を

$$\overline{J_i(p,q)} \cup \overline{J_j(q,r)}, \quad \overline{J_{i'}(p,q')} \cup \overline{J_{j'}(q',r)}$$

とする．これに対し，$\varepsilon(J_i(p,q))$, $\varepsilon(J_j(q,r))$, $\varepsilon(J_{i'}(p,q'))$, $\varepsilon(J_{j'}(q',r))$ を考察する．

例えば，図 3.6 の(a)の場合を見よう．非安定多様体，安定多様体の向きに関

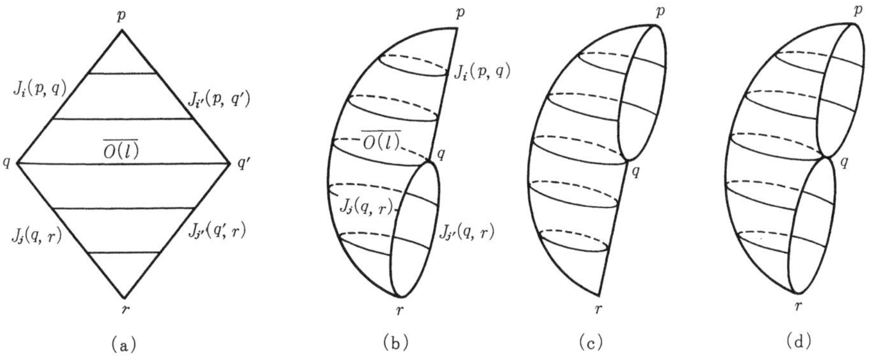

図 3.6

し，まず，各非安定多様体に任意に向きを与え，それに応じて各安定多様体の向きが定まっていた．それにより，点 q で $W^s(q)$ の向きの次に $W^u(q)$ の向きを並べたものが M の向きになっている．そこで，$W^s(q)$ と $W^u(p)$ の交わりとして $J_i(p,q)$ の向きが定まるが，$W^s(q)$ の向きと $W^u(q)$ の向きをその順で並べたものが M の向きであることに注意すると，$J_i(p,q)$ の向きと $W^u(q)$ の向きを並べたものが $W^u(p)$ の向きと一致することがわかる．同様に，$W^s(q)$ の向きと $J_i(q,r)$ の向きを並べたものは $W^s(r)$ の向きと一致する．$O(l)=W^s(r)\cap W^u(p)$ であるから，q において $J_i(p,q)$ と $J_j(q,r)$ の向きをその順序で並べたものが $O(l)$ の向きと一致する．$J_{i'}(p,q')$，$J_{j'}(q',r)$ の向きについても同様である(図 3.7)．$\varepsilon(J_i(p,q))$ は上のように定めた $J_i(p,q)$ の向きと勾配流の定める向きとの比で定まる．このことから，

$$\varepsilon(J_i(p,q))\varepsilon(J_j(q,r))+\varepsilon(J_{i'}(p,q'))\varepsilon(J_{j'}(q',r)) = 0 \qquad (3.5)$$

となることがわかる(図 3.7(a)参照)．図 3.6 の(b)，(c)，(d)の場合でも同様に(3.5)が成り立つ．

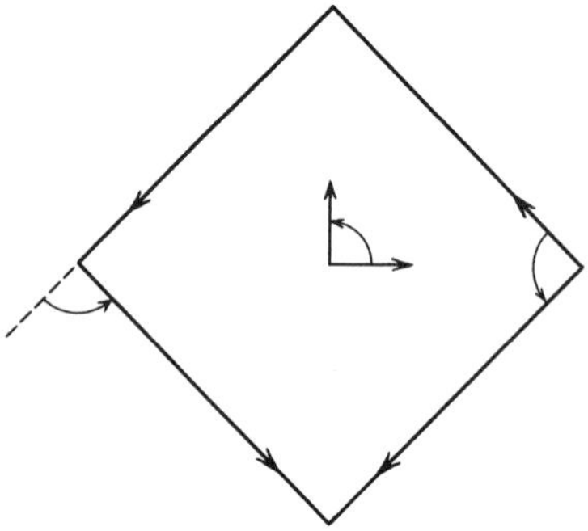
(a)

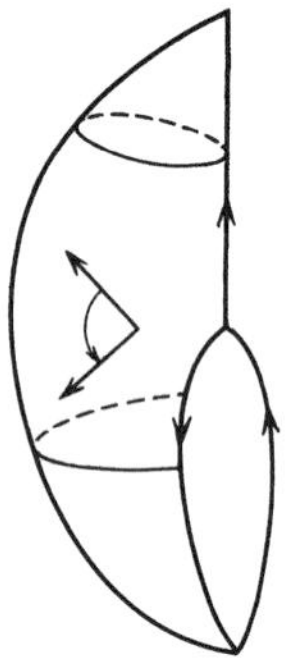
(b)

図 3.7

補題 3.2 の(ii)により(3.4)の各項はちょうど一つの $O(l)$ からの寄与から生ずるから，(3.5)のすべての $O(l)$ に関する和をとることにより(3.4)が得られ，命題 3.6 が証明されたことになる．■

残るのは補題 3.2 の証明である．

［証明］　(i)　$\overline{O(l)}$ について，図 3.6 以外の可能性は図 3.8 の(a)の形のものである．しかし，q の近くでは，その勾配流の様子は図 3.8 の(b)のようにな

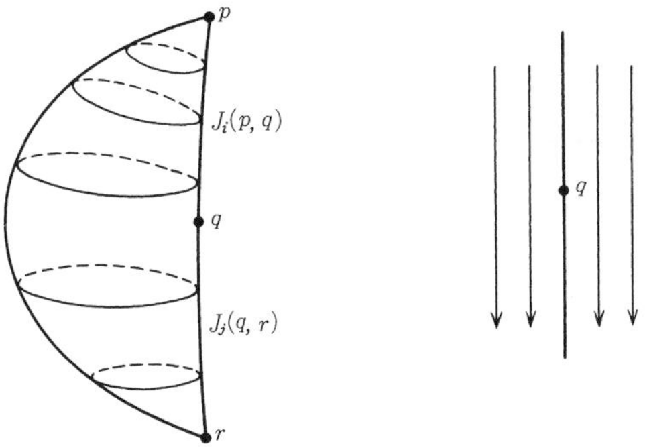

(a) (b)

図 3.8

り，これは q が臨界点であることと矛盾する．

(ii) $\overline{J_i(p,q)} \cup \overline{J_j(q,r)}$ が $O(l)$ と $O(l')$ $(l \neq l')$ の端になっていると仮定する．そのとき，q の近くの様子はやはり図 3.8 の(b)のようになり，矛盾である．よって，$\overline{J_i(p,q)} \cup \overline{J_j(q,r)}$ はちょうど一つの $O(l)$ の端となっている．

∎

演習問題

3.1 $M \subset \mathbf{R}^{n+d}$ を n 次元部分多様体とする．各点 $q \in M$ に対して，N_q を $\mathbf{R}^{n+d}$ における T_qM の直交補空間とする．すなわち，$N_q = \{v \in \mathbf{R}^{n+d},\ v \cdot w = 0,\ \forall w \in T_qM\}$．これに対し

$$N = \{(q, v);\ q \in M,\ v \in N_q\} \subset M \times \mathbf{R}^{n+d}$$

は $M \times \mathbf{R}^{n+d}$ の $n+d$ 次元部分多様体であることを示せ（N を部分多様体 $M \subset \mathbf{R}^{n+d}$ の法ベクトル束という）．［ヒント：各点 p のまわりの M の局所近傍 $(V; u_1, \cdots, u_n)$ と各点 $q \in V$ における N_q の基底 $\boldsymbol{b}_1, \cdots, \boldsymbol{b}_d$ で $\boldsymbol{b}_1, \cdots, \boldsymbol{b}_d$ が $u_1, \cdots, u_n$ に関し滑らかに動くものを構成する.］

3.2 問題 3.1 の N に対し，写像 $F: N \to \mathbf{R}^{n+d}$ を

$$F(q, v) = v$$

で与える．一方，$e \in \mathbf{R}^{n+d}$ $(e \neq 0)$ に対し，$f_e: M \to \mathbf{R}$ を

$$f_e(q) = \langle e, q \rangle$$

で与える．このとき，f_e が Morse 関数であることと，e が F の正則値になることと

が同値であることを証明せよ．

3.3 $\mathbf{R}^2$ の中に埋め込まれたいろいろの S^1(例えば下図参照)に対して，§3.3 のように鎖複体を構成せよ．

3.4 例 3.2 で与えた射影平面上の Morse 関数 $f: \boldsymbol{RP}^2 \to \mathbf{R}$ に対して，$W^u(p_k)$, $W^s(p_k)$ $(k=0,1,2)$ を記述せよ．

3.5 $\pi: S^2 \to \boldsymbol{RP}^2$ を $\pi(x_0, x_1, x_2) = [x_0, x_1, x_2]$ で与える．問題 3.4 の f に対し，合成写像 $\tilde{f} = f \circ \pi: S^2 \to \mathbf{R}$ は Morse 関数であることを示せ．また，$\tilde{f}$ に対して鎖複体 (C_*, ∂) を構成せよ．

3.6 $\tau: S^2 \to S^2$ を $\tau(x_0, x_1, x_2) = -(x_0, x_1, x_2)$ で与え，問題 3.5 の鎖複体 C_* に対し，線形写像 $\tau_\#: C_k \to C_k$ を

$$\tau_\#(p) = \varepsilon_p \tau p$$

により定義する．ここで，$\tau: W^u(p) \to W^u(\tau p)$ が向きを保つか，逆にするかに応じて(第 2 章演習問題 2.7 参照)，$\varepsilon_p = 1$ か $\varepsilon_p = -1$ である．このとき，次の等式が成り立つことを示せ．

$$\partial \circ \tau_\# = \tau_\# \circ \partial$$

第4章

ホモロジー

第3章で，コンパクト多様体 M 上の Morse 関数から鎖複体 C_* を構成した．その構成の仕方から，dim C_k は集合 S_k の個数に等しい．したがって，

$$\chi = \sum_{p \in S} (-1)^{\lambda_p} = \sum_k (-1)^k \dim C_k$$

が成り立つ．これにより，Morse 関数から多様体 M の位相不変量に到達する手段としての鎖複体の意味が生じる．

さらに，境界作用素 $\partial_k : C_k \to C_{k-1}$ を用いて，

$$Z_k = \partial_k{}^{-1}(0), \quad B_k = \partial_{k+1}(C_{k+1})$$

とおくと，両者とも C_k の線形部分空間で，$\partial_k \circ \partial_{k+1} = 0$ であるから，$B_k \subset Z_k$ である．そこで，

$$b_k = \dim Z_k - \dim B_k$$

とおく．例 3.7 のトーラスの場合は

$$b_0 = 1, \quad b_1 = 2, \quad b_2 = 1$$

$$b_0 - b_1 + b_2 = 0 = \chi \qquad (\text{Euler 数})$$

である．また，例 3.7 の球面の場合は

$$b_0 = 1, \quad b_1 = 0, \quad b_2 = 1$$

$$b_0 - b_1 + b_2 = 2 = \chi$$

である．

第1章の図 1.2 の球面に対し，例 3.7 と同様に，関数 $-x_3$ の勾配流から鎖複体を作ると，上と同様の計算により，やはり

$$b_0 = 1, \quad b_1 = 0, \quad b_2 = 1$$

であることがわかる．また，図 1.3 の右図のトーラスに対しては，例 3.7 の場合と同様に

$$b_0 = 1, \quad b_1 = 2, \quad b_2 = 1$$

である．

これらの例から予想されるように，b_k は Euler 数と同様に多様体の不変量である．b_k は Betti 数と呼ばれる．Betti 数や Euler 数のもつ内在的な意味合いはホモロジーを通して明らかにされる．本章では，鎖複体からホモロジーを導く代数的な操作について解説する．

§4.1 線形代数の復習

(a) 核と像

A, B を有限次元線形空間，$f: A \to B$ を線形写像とする．そのとき，

$$\mathrm{Ker}\, f = f^{-1}(0) \subset A, \quad \mathrm{Im}\, f = f(A) \subset B$$

をそれぞれ f の**核**(kernel)，**像**(image)という．これに対し，

$$\dim A = \dim \mathrm{Ker}\, f + \dim \mathrm{Im}\, f \tag{4.1}$$

である．なお，線形写像 f の階数 $\mathrm{rank}\, f$ は

$$\mathrm{rank}\, f = \dim \mathrm{Im}\, f$$

と定義される．

いま，初めから $\mathrm{Im}\, f = B$ であるとし，$C = \mathrm{Ker}\, f$ とおいて，A, B, C の関係を考察する．f の線形性から，$a, a' \in A$ に対し，

$$f(a) = f(a') \Longleftrightarrow a' - a \in C \tag{4.2}$$

となることは明らかであろう．$b \in B$ に対して，$f^{-1}(b)$ の元 a を b の代表ということにすると，(4.2)は次のようにいいかえることができる．

$$a, a' \text{ がともに } b \in B \text{ の代表} \Longleftrightarrow a' - a \in C \tag{4.2$'$}$$

(b) 商空間

線形空間 A とその部分線形空間 C が与えられているとする．そのとき，線形空間 B と全射線形写像 $\pi: A \to B$ で，$\mathrm{Ker}\, f = C$ となるものが存在し，しか

も本質的に一意的である．すなわち，$\pi: A \to B$, $\pi': A \to B'$ がともに全射線形写像で $\mathrm{Ker}\,\pi = \mathrm{Ker}\,\pi' = C$ とすると，同型写像 $\varphi: B \underset{\cong}{\to} B'$ で $\pi' \circ \varphi = \pi$ となるものが存在する．

上のような B の存在は次のようにしてわかる．最もすっきりした方法は，(4.2)や(4.2′)を念頭におき，$a' - a \in C$ となる a と a' を同じものと見なして一つの元と考えるのである．ちょうど，平行移動で互いに移る有向線分を同じものと見てベクトルを定義するときや，$x' - x$ が 2π の整数倍になるような実数 x と x' を同一視して偏角とみるのと同じ要領である．

上のように構成した B を，A の C による**商線形空間**または単に**商空間**(quotient space)といい，A/C と書く．また，$a \in A$ に対し，$\pi(a)$ を a の C を法とする**同値類**(equivalence class)という．本書では $\pi(a)$ を $[a]$ と書くこともある．同値類 α に対し，$[a] = \alpha$ となるような $a \in A$ を α の**代表**(representative)という．定義から

$$\dim A/C = \dim A - \dim C \tag{4.3}$$

である．

(c)　完全系列

一般に，線形空間の間の線形写像の列

$$C \xrightarrow{g} A \xrightarrow{f} B$$

があって，

$$\mathrm{Im}\, g = \mathrm{Ker}\, f$$

が成り立っているとき，上の列は A で**完全**(exact)であるという．線形写像の列

$$A_1 \xrightarrow{f_1} A_2 \to \cdots \to A_{k-1} \xrightarrow{f_{k-1}} A_k \xrightarrow{f_k} A_{k+1} \to \cdots \to A_{n-1} \xrightarrow{f_{n-1}} A_n$$

が各 A_k で完全であるとき，この列は**完全系列**であるという．

例 4.1　$0 \to A \xrightarrow{f} B$ が完全系列 $\Longleftrightarrow$ f が単射

$A \xrightarrow{f} B \to 0$ が完全系列 $\Longleftrightarrow$ f が全射　□

次のような完全系列を**短完全系列**(short exact sequence)という．

$$0 \to C \to A \to B \to 0 \tag{4.4}$$

(4.4)は B が商空間 A/C と同型であることを意味する．

§4.2 鎖複体のホモロジー

(a) ホモロジー

鎖複体

$$C_*:\ C_n \xrightarrow{\partial_n} \cdots \to C_{k+1} \xrightarrow{\partial_{k+1}} C_k \xrightarrow{\partial_k} C_{k-1} \to \cdots \xrightarrow{\partial_1} C_0$$

において，

$$Z_k = \mathrm{Ker}\,\partial_k, \qquad B_k = \mathrm{Im}\,\partial_{k+1}$$

とおき，Z_k の元を k 次**輪体**(cycle)，B_k の元を k 次**境界**(boundary)という．$\partial_k \circ \partial_{k+1} = 0$ であったから

$$B_k \subset Z_k$$

である．

注意 4.1 $B_n=0$, $Z_0=C_0$ と約束する．初めから鎖複体を

$$0 \xrightarrow{\partial} C_n \xrightarrow{\partial} \cdots \xrightarrow{\partial} C_0 \xrightarrow{\partial} 0$$

と考えておけば，この約束は自然なものである．

定義 4.1 商空間 Z_k/B_k を鎖複体 C_* の k 次**ホモロジー**(homology)といい，$H_k(C_*)$ と記す．輪体 $c \in Z_k$ に対し，その同値類 $[c]$ を c の**ホモロジー類**(homology class)という．また，$\dim H_k(C_*)$ を鎖複体 C_* の k 次 **Betti 数**(Betti number)といい，$b_k(C_*)$ で表わすことにする． □

注意 4.2 $H_k(C_*)$ を**ホモロジー群**(homology group)ともいう．加群の鎖複体(第3章，注意3.2参照)の場合は特にこの用語が一般的である．

例 4.2 例3.7でトーラス T^2 から作った鎖複体 C_* に対して，

$$\begin{aligned}
&Z_2 = C_2 = \mathbf{R}p^2, && B_2 = 0, && H_2 = C_2 \cong \mathbf{R}, && b_2 = 1\\
&Z_1 = C_1 = \mathbf{R}p_1^1 \oplus \mathbf{R}p_2^1, && B_1 = 0, && H_1 = C_1 \cong \mathbf{R}\oplus\mathbf{R}, && b_1 = 2\\
&Z_0 = C_0 = \mathbf{R}p^0, && B_0 = 0, && H_0 = C_0 \cong \mathbf{R}, && b_0 = 1
\end{aligned}$$

である．ただし，$\mathbf{R}a$ は a の張る線形部分空間を表わす． □

例 4.3 例 3.7 で球面 S^2 から作った鎖複体 C_* に対して，

$$Z_2 = \mathbf{R}(p_2^2 + p_1^2), \quad B_2 = 0, \quad H_2 = Z_2 \cong \mathbf{R}, \quad b_2 = 1$$
$$Z_1 = C_1 = \mathbf{R}p^1, \quad B_1 = C_1, \quad H_1 = C_1/C_1 = 0, \quad b_1 = 0$$
$$Z_0 = C_0 = \mathbf{R}p^0, \quad B_0 = 0, \quad H_0 = C_0 \cong \mathbf{R}, \quad b_0 = 1$$

である． □

例 4.4 例 2.18 で与えた S^2 上の Morse 関数の勾配流から §3.3 のように鎖複体 C_* を作ると，次のようになる．

$$C_2 = \mathbf{R}e_+, \quad C_1 = 0, \quad C_0 = \mathbf{R}e_-$$

ただし，$e_\pm = (0, 0, \pm)$ である．これから

$$H_2 \cong \mathbf{R}, \quad b_2 = 1$$
$$H_1 = 0, \quad b_1 = 0$$
$$H_0 \cong \mathbf{R}, \quad b_0 = 1$$

を得る．結果として，例 4.3 と同じホモロジーが得られたことに注意しておこう． □

例 4.5 $S^n = \{x = (x_1, \cdots, x_{n+1}) \in \mathbf{R}^{n+1};\ \sum x_i{}^2 = 1\}$ 上の関数

$$f(x) = x_{n+1} = \langle x, e\rangle, \qquad e = (0, \cdots, 0, 1)\ (\langle\ ,\ \rangle \text{は内積})$$

は Morse 関数であり，その臨界点は $\pm e$ の 2 点である（例 2.18 参照）．したがって，この Morse 関数から鎖複体を作ると，例 4.3 と同様に，

$$C_n = \mathbf{R}e, \quad C_k = 0, \quad C_0 = \mathbf{R}(-e), \quad 0 < k < n$$

となる．よって，$n \geqq 2$ ならば，すべての k に対し $\partial_k = 0$ である．したがって，

$$H_n \cong \mathbf{R}, \quad b_n = 1$$
$$H_k = 0, \quad b_k = 0, \quad 0 < k < n$$
$$H_0 \cong \mathbf{R}, \quad b_0 = 1$$

となる． □

例 4.6 例 3.3 で与えた複素射影空間 $\boldsymbol{CP}^n$ 上の Morse 関数では，指数が $2k$ $(0 \leqq k \leqq n)$ の臨界点が一つずつあり，他の臨界点はない．したがって，例 4.5 と同様に，

$$H_h \cong \begin{cases} \mathbf{R}, & h = 2k,\ 0 \leqq k \leqq n \\ 0, & \text{その他の場合} \end{cases}$$

□

(b) Poincaré 多項式と Euler 数

線形空間の列 $(A_0, A_1, \cdots, A_n)$ を**次数つき線形空間**(graded linear space)という．鎖複体

$$C_*:\ C_n \xrightarrow{\partial} \cdots \xrightarrow{\partial} C_0$$

は次数つき線形空間 $(C_0, \cdots, C_n)$ を定める．次数つき線形空間 $A_* = (A_0, A_1, \cdots, A_n)$ に対し，多項式

$$P(A_*\,;t) = \sum_{k=0}^{n} (\dim A_k)\, t^k$$

を A_* の **Poincaré 多項式**(Poincaré polynomial)という．また，

$$P(A_*\,;-1) = \sum (-1)^k \dim A_k$$

を A_* の **Euler 数**(Euler number)という．

例 4.7　例 4.2 の C_* に対し，

$$P(H_*(C_*);t) = P(C_*\,;t) = 1+2t+t^2$$
$$\chi(H_*(C_*)) = \chi(C_*) = 0.$$

例 4.3 の C_* に対し，

$$P(C_*\,;t) = 1+t+2t^2, \quad \chi(C_*) = 2$$
$$P(H_*(C_*);t) = 1+t^2, \quad \chi(H_*(C_*)) = 2.$$

例 4.5 の C_* に対し，

$$P(H_*(C_*);t) = P(C_*\,;t) = 1+t^n$$
$$\chi(H_*(C_*)) = \chi(C_*) = 1+(-1)^n.$$

例 4.6 の C_* に対し，

$$P(H_*(C_*);t) = P(C_*\,;t) = 1+t^2+\cdots+t^{2n}$$
$$\chi(H_*(C_*)) = \chi(C_*) = n+1.$$

□

命題 4.1　鎖複体

$$C_*:\ 0 \to C_n \to \cdots \to C_0 \to 0$$

に対し，

$$P(C_*\,;t) - P(H_*(C_*\,;t)) = (1+t)\sum_{k=0}^{n} (\dim B_k)\, t^k$$

が成り立つ．特に

$$\chi(C_*) = \chi(H_*(C_*))$$

である．

［証明］　短完全系列

$$0 \to Z_k \to C_k \xrightarrow{\partial} B_{k-1} \to 0$$
$$0 \to B_k \to Z_k \to H_k \to 0$$

に(4.1)を適用して

$$\dim C_k = \dim Z_k + \dim B_{k-1}$$
$$\dim Z_k = \dim B_k + \dim H_k$$

を得る．したがって

$$\begin{aligned}\sum(\dim C_k)\,t^k &= \sum(\dim Z_k)\,t^k + \sum(\dim B_{k-1})\,t^k \\ &= \sum(\dim Z_k)\,t^k + t\sum(\dim B_{k-1})\,t^{k-1} \\ \sum(\dim Z_k)\,t^k &= \sum(\dim B_k)\,t^k + \sum(\dim H_k)\,t^k\end{aligned}$$

である．この二つの式から

$$\sum(\dim C_k)\,t^k = \sum(\dim H_k)\,t^k + (1+t)\sum(\dim B_k)\,t^k$$

を得る．これが証明すべき式である．█

系 4.1　命題 4.1 の鎖複体において，$m_k=\dim C_k$, $b_k=\dim H_k(C_*)$ とおくと，次の不等式の列を得る：

$$\begin{aligned}m_0 &\geqq b_0 \\ m_1 - m_0 &\geqq b_1 - b_0 \\ &\vdots \\ m_l - m_{l-1} + \cdots + (-1)^l m_0 &\geqq b_l - b_{l-1} + \cdots + (-1)^l b_0 \\ &\vdots \\ m_n - m_{n-1} + \cdots + (-1)^n m_0 &= b_n - b_{n-1} + \cdots + (-1)^n b_0 = (-1)^n \chi(C_*).\end{aligned}$$

［証明］　命題 4.1 の第 1 式で，l 次までの項をとり，$(-1)^l$ をかけると，

$$(-1)^l \sum_{k=0}^{l} m_k t^k = (-1)^l \sum_{k=0}^{l} b_k t^k + (-1)^l (1+t) \sum_{k=0}^{l-1} (\dim B_k)\,t^k + (\dim B_l)(-t)^l$$

である．ここで，$t=-1$ とおき $\dim B_l \geqq 0$ に注意すれば求める不等式を得る．最後の等式は $\dim B_n = 0$ から導かれるが，すでに命題 4.1 の第 2 式としても得られていた．█

注意 4.3　コンパクト多様体 M 上の Morse 関数から作られた鎖複体の場合に，系 4.1 を考えてみよう．m_k は指数が k となる臨界点の個数に等しい．一方，ホモロジー $H_k(C_*)$，したがって Betti 数 $b_k(C_*)$ は実は多様体 M だけで定まる量である．その意味で，系 4.1 は不変量と変動する量とが互いに他をある程度制約する関係式であると見ることができる．特に，最後の等式は多様体の不変量である ($H_*(C_*)$ の) Euler 数が指数 k の臨界点の個数 m_k の交代和で表わされることを示している．このことは Euler 数が非常に良い振舞いをする不変量であることを意味していると考えられる．Euler が三角形分割によらない量として発見した Euler 数のもつ内在的意味が，命題 4.1 や系 4.1 で明らかになったということができる．系 4.1 の不等式を **Morse 不等式**という．

(c)　鎖写像

$(C_*, \partial), (C_*', \partial')$ を鎖複体とする．各 k に対し，線形写像 $\varphi_k: C_k \to C_k'$ が与えられ，条件

$$\partial_k' \circ \varphi_k = \varphi_k \circ \partial_k$$

を満たしているとき，$\varphi = \{\varphi_k\}$ を**鎖写像**(chain map)という．混乱のおそれのない場合は，各 φ_k をも単に φ と書くことが多い．各 φ_k が同型写像であるとき，鎖写像 φ を**鎖同値**(chain equivalence)という．そのとき，鎖複体 C_*, C_*' は鎖同値であるという．

例 4.8　コンパクト多様体 M 上の Morse 関数 f で Morse-Smale の条件を満たすものをとる．各臨界点 p に対し，$W^u(p)$ の向き $\mathcal{O}(W^u(p))$ を一つ定めると，鎖複体 C_* が定まった．別の向き $\mathcal{O}'(W^u(p))$ をとることにより，別の鎖複体 C_*' が定まる．そこで，

$$\mathcal{O}'(W^u(p)) = \varepsilon_p \mathcal{O}(W^u(p))$$

により符号 $\varepsilon_p = \pm 1$ を定め，線形写像 $\varphi: C_k \to C_k'$ を

$$\varphi(p) = \varepsilon_p p$$

により定義する．φ は C_* から C_*' への鎖同値である(証明は読者の演習とする)．　□

C_*, C_*' の k 次輪体，k 次境界の全体をそれぞれ Z_k, B_k, Z_k', B_k' とすると，容易にわかるように，鎖写像 $\varphi: C_* \to C_*'$ により

$$\varphi(Z_k) \subset Z_k', \quad \varphi(B_k) \subset B_k'$$

となる．そこで，ホモロジー類 $\gamma \in H_k(C_*)$ に対し，γ を代表する輪体 $c \in Z_k$ をとると，ホモロジー類 $[\varphi(c)]$ は代表 c のとり方によらず γ だけで定まる．$\varphi_*(\gamma)=[\varphi(c)]$ とおくことにより，線形写像

$$\varphi_*:\ H_k(C_*) \to H_k(C_*')$$

が定まる．φ_* を鎖写像 φ の**誘導線形写像**(induced linear map)という．

$\varphi: C_* \to C_*'$, $\varphi': C_*' \to C_*''$ を鎖複体の間の鎖写像とすると，合成 $\varphi'\circ\varphi: C_* \to C_*''$ も鎖写像であり，

$$(\varphi'\circ\varphi)_* = \varphi_*'\circ\varphi_* \tag{4.5}$$

が成り立つ．また，明らかに，φ が鎖同値ならば

$$\varphi_*:\ H_k(C_*) \to H_k(C_*')$$

は同型である．

(d) 鎖ホモトピー

$\varphi_0, \varphi_1: C_* \to C_*'$ をともに鎖写像とする．各 k に対し，線形写像 $D_k: C_k \to C_{k+1}'$ で

$$\partial'_{k+1}\circ D_k + D_{k-1}\circ\partial_k = \varphi_1 - \varphi_0:\ C_k \to C_k' \tag{4.6}$$

となるものが存在するときに，鎖写像 φ_0 と φ_1 は**鎖ホモトープ**(chain homotopic)であるといい，$D=\{D_k\}$ を**鎖ホモトピー**(chain homotopy)という．これまでと同様に，混乱のおそれがなければ，各 D_k をも単に D と書く．

命題 4.2 $\varphi_0, \varphi_1: C_* \to C_*'$ が鎖ホモトープならば，

$$\varphi_{0*} = \varphi_{1*}:\ H_k(C_*) \to H_k(C_*')$$

である．

［証明］ $c \in C_k$ を輪体($\partial c=0$)とすると，(4.6)により，

$$\varphi_1(c) - \varphi_0(c) = \partial(Dc)$$

である．したがって，$[\varphi_0(c)]=[\varphi_1(c)] \in H_k(C_*')$ であり，

$$\varphi_{0*}[c] = [\varphi_0(c)] = [\varphi_1(c)] = \varphi_{1*}[c]$$

となる．すなわち，$\varphi_{0*}=\varphi_{1*}$ である． ∎

上の命題からただちに次の系を得る．

系 4.2 $\varphi: C_* \to C_*$ を恒等鎖写像 $1: C_* \to C_*$ と鎖ホモトープな鎖写像とする．そのとき，

$$\varphi_* = 1 :\ H_k(C_*) \to H_k(C_*)$$

である． □

(e) ホモロジー完全系列

鎖写像の列

$$C_*'' \xrightarrow{\psi} C_* \xrightarrow{\varphi} C_*' \tag{4.7}$$

において，各 k に対し

$$C_k'' \xrightarrow{\psi} C_k \xrightarrow{\varphi} C_k'$$

が完全であるとき，(4.7)は鎖複体の完全系列という．また，

$$0 \to C_*'' \xrightarrow{\psi} C_* \xrightarrow{\varphi} C_*' \to 0 \tag{4.8}$$

の形の完全系列を鎖複体の短完全系列という．

短完全系列(4.8)に対し，線形写像

$$\partial_* :\ H_k(C_*') \to H_{k-1}(C_*'') \tag{4.9}$$

を次のように定義する．$c' \in C_k'$ を輪体とする．次の図式

$$\begin{array}{ccccc} & & C_k & \xrightarrow{\varphi} & C_k' \\ & & \downarrow\partial & & \downarrow\partial \\ C_{k-1}'' & \xrightarrow{\psi} & C_{k-1} & \xrightarrow{\varphi} & C_{k-1}' \end{array} \tag{4.10}$$

において，φ は全射だから，

$$\varphi(c) = c'$$

となる $c \in C_k$ が存在する．この c に対して，

$$\varphi(\partial c) = \partial\varphi(c) = \partial c' = 0$$

である．一方，$\mathrm{Ker}\,\varphi = \mathrm{Im}\,\psi$ だから，

$$\psi(c'') = \partial c$$

となる $c'' \in C_{k-1}''$ が存在する．この c'' に対し，

$$\psi(\partial c'') = \partial\psi(c'') = \partial(\partial c) = 0$$

であり，ψ が単射だから，$\partial c''=0$，すなわち c'' は輪体である．そこで，

$$\partial_*[c'] = [c''] \in H_{k-1}(C_*'') \tag{4.11}$$

と定義する．

ここで，ホモロジー類 $\beta=[c'']$ が，ホモロジー類 $\alpha=[c']$ の代表 c' や，$\varphi(c)=c'$ となる鎖 $c\in C_k$ のとり方によらず，α だけで定まることを確かめる必要がある．これらはやさしい演習問題であり，ここでは詳細は省略する．

線形写像 ∂_* を鎖複体の短完全系列(4.8)の **連結準同型**(connecting homomorphism)という．

命題 4.3　鎖複体の短完全系列

$$0\to C_*''\xrightarrow{\psi}C_*\xrightarrow{\varphi}C_*'\to 0$$

に対し，列

$$\cdots\xrightarrow{\partial_*}H_k(C_*'')\xrightarrow{\psi_*}H_k(C_*)\xrightarrow{\varphi_*}H_k(C_*')\xrightarrow{\partial_*}H_{k-1}(C_*'')\xrightarrow{\psi_*}\cdots$$

は完全系列である．

［証明］　$H_k(C_*')$ における完全性の証明を与える．他の部分の証明も似ているので省略し，演習とする．

まず，$\mathrm{Im}\,\varphi_*\subset\mathrm{Ker}\,\partial_*$ を示す．輪体 $c\in C_k$ に対し，$c'=\varphi(c)$ とおくと，$\partial c=0$ だから，$\partial_*[c']=0$ である．

次に，$\mathrm{Im}\,\varphi_*\supset\mathrm{Ker}\,\partial_*$ を示す．それにより，上とあわせて，$\mathrm{Im}\,\varphi_*=\mathrm{Ker}\,\partial_*$ が証明されることになる．$c'\in C_k'$，$\partial c'=0$ に対して $\varphi(c)=c'$ となる c をとり，$\psi(c'')=\partial c$ となる $c''\in C_{k-1}$ をとる．$\partial^*[c']=[c'']$ だから，$[c']\in\mathrm{Ker}\,\partial_*$ とすると，$\partial b''=c''$ となる $b''\in C_k''$ が存在する．すると，

$$\varphi(c-\psi(b''))=\varphi(c)=c'$$
$$\partial(c-\psi(b''))=\partial c-\partial(\psi(b''))=\partial c-\psi(\partial b'')=\partial c-\psi(c'')=0$$

であるから，$\varphi_*[c-\psi(b'')]=[c']$ である．よって，$\mathrm{Ker}\,\partial_*\subset\mathrm{Im}\,\varphi_*$ である．∎

鎖複体の短完全系列は鎖複体の部分複体による商複体として現れる．鎖複体 C_* の各鎖群 C_k の部分線形空間 C_k'' で

$$\partial(C_k'')\subset C_{k-1}''$$

を満たすものがあるとき，$C_*''=\{C_k''\}$ は鎖複体となる．C_*'' を C_* の**部分複体**(subcomplex)という．

鎖複体 C_* の部分複体 C_*'' に対し，**商複体**(quotient complex) $C_*'=C_*/C_*''$ を次のように定義する．まず，鎖群は

$$C_k'=C_k/C_k''$$

と定義し，$\pi: C_k \to C_k'$ を射影とすると，$\partial': C_k' \to C_{k-1}'$ は

$$\partial' \circ \pi = \pi \circ \partial$$

により一意的に定まるものとする．そのとき，作り方から，$i: C_*'' \to C_*$ を包含写像とすると，

$$0 \to C_*'' \xrightarrow{i} C_* \xrightarrow{\pi} C_*' = C_*/C_*'' \to 0$$

は短完全系列である．

商複体 C_*/C_*'' のホモロジー $H_k(C_*/C_*'')$ を

$$H_k(C_*, C_*'')$$

と書き，鎖複体の**対**(pair) (C_*, C_*'') のホモロジーという．この記号を用いると，命題4.3により完全系列

$$\cdots \xrightarrow{\partial_*} H_k(C_*'') \to H_k(C_*) \to H_k(C_*, C_*'') \xrightarrow{\partial_*} H_{k-1}(C_*'') \to \cdots \quad (4.12)$$

が得られる．これを鎖複体の対 (C_*, C_*'') の**ホモロジー完全系列**(homology exact sequence)という．

例 4.9 鎖複体 C_* に対し，部分複体 $C_*^{(l)}$ を

$$C_*^{(l)}: C_l \to C_{l-1} \to \cdots \to C_0$$

により定義する．このとき，対 $(C_*^{(l)}, C_*^{(l-1)})$ に対して，

$$H_k(C_*^{(l)}, C_*^{(l-1)}) = \begin{cases} C_l, & k = l \\ 0, & k \neq l \end{cases}$$

であり，$(C_*^{(l)}, C_*^{(l-1)})$ のホモロジー完全系列の最初の部分は

$$0 \to Z_l \to C_l \xrightarrow{\partial_*} Z_{l-1} \to H_{l-1}(C_*) \to 0$$

の形である．なおこの場合，$\partial_* = \partial: C_l \to Z_{l-1}$ $(\subset C_{l-1})$ であることは容易に確かめられる．別の言葉でいえば，合成準同型

$$H_l(C_*^{(l)}, C_*^{(l-1)}) \xrightarrow{\partial_*} H_{l-1}(C_*^{(l-1)}) \to H_{l-1}(C_*^{(l-1),(l-2)}) \quad (4.13)$$

は境界作用素 $\partial: C_l \to C_{l-1}$ と同値になる． □

最後に，二つの完全系列を比較するときによく用いられる補題を挙げておく．二つの線形写像の系列とその間の線形写像からなる図式

$$\begin{array}{ccccccccc} A_1 & \xrightarrow{f_1} & A_2 & \xrightarrow{f_2} & A_3 & \xrightarrow{f_3} & A_4 & \xrightarrow{f_4} & A_5 \\ \downarrow \varphi_1 & & \downarrow \varphi_2 & & \downarrow \varphi_3 & & \downarrow \varphi_4 & & \downarrow \varphi_5 \\ B_1 & \xrightarrow[g_1]{} & B_2 & \xrightarrow[g_2]{} & B_3 & \xrightarrow[g_3]{} & B_4 & \xrightarrow[g_4]{} & B_5 \end{array} \quad (4.14)$$

において，$g_i \circ \varphi_i = \varphi_{i+1} \circ f_i$ $(1 \leqq i \leqq 4)$ が成り立つとき，上の図式は可換であるという．

補題 4.1(5 項補題) 可換な図式(4.14)において，第1行，第2行はともに完全系列であるとする．そのとき，もし $\varphi_1, \varphi_2, \varphi_4, \varphi_5$ がすべて同型写像ならば，φ_3 も同型写像である．

[証明] やさしい演習問題であるから，方針だけ述べて詳細は読者の演習とする．φ_3 が単射であることの証明には，φ_1 が全射，φ_2, φ_4 が単射であることを用いればよい．φ_3 が全射であることの証明には，φ_5 が単射，φ_2, φ_4 が全射であることを用いる． ∎

例 4.10 鎖複体の短完全系列の間の可換な鎖写像の図式

$$\begin{array}{ccccccccc} 0 & \to & C_*'' & \to & C_* & \to & C_*' & \to & 0 \\ & & \downarrow{\scriptstyle \varphi''} & & \downarrow{\scriptstyle \varphi} & & \downarrow{\scriptstyle \varphi'} & & \\ 0 & \to & \tilde{C}_*'' & \to & \tilde{C}_* & \to & \tilde{C}_*' & \to & 0 \end{array} \tag{4.15}$$

に対して，

$$\varphi_*: H_k(C_*) \to H_k(\tilde{C}_*)$$
$$\varphi_*': H_k(C_*') \to H_k(\tilde{C}_*')$$
$$\varphi_*'': H_k(C_*'') \to H_k(\tilde{C}_*'')$$

のいずれか二つがすべての k に対して同型写像になるならば，残りの一つもすべての k に対して同型を与える．

[証明] 可換な図式(4.15)から完全系列の間の線形写像の可換な図式

$$\begin{array}{ccccccccccccc} \cdots \to & H_{k+1}(C_*') & \xrightarrow{\partial_*} & H_k(C_*'') & \to & H_k(C_*) & \to & H_k(C_*') & \xrightarrow{\partial_*} & H_{k-1}(C_*'') & \to \cdots \\ & \downarrow{\scriptstyle \varphi_*'} & & \downarrow{\scriptstyle \varphi_*''} & & \downarrow{\scriptstyle \varphi_*} & & \downarrow{\scriptstyle \varphi_*'} & & \downarrow{\scriptstyle \varphi_*''} & \\ \cdots \to & H_{k+1}(\tilde{C}_*') & \xrightarrow{\partial_*} & H_k(\tilde{C}_*'') & \to & H_k(\tilde{C}_*) & \to & H_k(\tilde{C}_*') & \xrightarrow{\partial_*} & H_{k-1}(\tilde{C}_*'') & \to \cdots \end{array}$$

が得られる．ここで，例えば φ_*' と φ_*'' がすべての k に対して同型ならば，5 項補題(補題 4.1)により，φ_* も同型である． ∎

演習問題

4.1 第3章，例 3.7 の鎖複体のホモロジーを求めよ．

4.2 (4.11)により連結準同型 $\partial_*: H_k(C_*') \to H_{k-1}(C_*'')$ が問題なく定義されていることを確かめよ．

4.3 命題4.3の証明を完成せよ.

4.4 次数つき線形空間 $A_* = (A_0, \cdots, A_n)$ に対し，線形写像の列 $\varphi = (\varphi_0, \cdots, \varphi_n)$（ただし，$\varphi_k : A_k \to A_k$）が与えられたとき，$\varphi$ の **Lefschetz 数**(Lefschetz number) $L(\varphi)$ を

$$L(\varphi) = \sum (-1)^k \operatorname{tr} \varphi_k \qquad (\operatorname{tr} \varphi_k \text{ は } \varphi_k \text{ のトレース})$$

で定義する．鎖複体 C_* から自分自身への鎖写像 $\varphi : C_* \to C_*$ に対し，

$$L(\varphi) = L(\varphi_*)$$

が成り立つことを証明せよ($\varphi_* : H_*(C_*) \to H_*(C_*)$)．

4.5 第3章の演習問題3.5，3.6の鎖複体 C_* と鎖写像 $\tau_\# : C_* \to C_*$ に対して，$H_k(C_*)$ と $\tau_* = (\tau_\#)_*$ を求めよ．

第 5 章

de Rham コホモロジー

第 3 章では，コンパクト多様体上の Morse 関数から鎖複体を構成した．第 4 章では，鎖複体のホモロジーや Betti 数を導入した．コンパクト多様体上のどんな Morse 関数をとっても，その鎖複体のホモロジー H_* は Morse 関数のとり方によらず，多様体だけで定まる．したがって Betti 数や Euler 数も不変量となる．

この不変性は経験的には納得のゆくものではあるが，完全な証明をつけるためにはかなりの手数を要する．現在では満足できるいくつかの証明が知られているが，歴史的にみるとそこに到達するまでには長い道のりを要しているのである．

本書では，de Rham コホモロジーを媒介として，上記の不変性の証明を与える．本書の流れからはこの方法が最も自然なものと考えられるからである．§5.1 ではその準備として，de Rham コホモロジーの基本事項を解説する．

§5.1　微分形式

de Rham コホモロジーは微分形式を用いて定義される．微分形式は多様体の幾何や多様体上の解析にとって最も基本的な手段の一つである．この節では，詳しい解説や証明は他の成書(例えば [1], [2], [3], [12], [15], [18], [20])にゆずり，重要事項を手短に列挙してゆく．以下，特に断らないかぎり，M は n 次元多様体を表わす．また，M 上の滑らかな関数 $f: M \to \mathbf{R}$ の全体の線形空間を

$C^\infty(M)$ と表わす．

(a) 1次微分形式

線形空間 V に対して，その**双対空間**(dual space)を V^* と表わす．V^* は線形写像 $\varphi: V \to \mathbf{R}$ の全体からなる線形空間である．点 $p \in M$ の接空間 T_pM の双対空間 $(T_pM)^*$ を $T_p{}^*M$ と記すことにする．T_pM のベクトルを接ベクトルというのに対応して，$T_p{}^*M$ のベクトルを**余接ベクトル**(tangent covector)ということがある．

定義 5.1 各点 $p \in M$ に対して，余接ベクトル $\omega_p \in T_p{}^*M$ を指定する対応 ω を M 上の**1次微分形式**(differential form of degree 1, differential 1-form)，または省略して1次形式という． □

例 5.1 $f \in C^\infty(M)$ に対して，各点 p における微分 $\mathrm{d}f_p: T_pM \to \mathbf{R}$ は余接ベクトルである(§2.4(a))．したがって，

$$\mathrm{d}f: M \ni p \longmapsto \mathrm{d}f_p \in T_p{}^*M$$

は1次微分形式である．$\mathrm{d}f$ を関数 f の**微分**という． □

M 上の1次微分形式の全体を $\Omega^1(M)$ と記す．$\Omega^1(M)$ は次の演算により線形空間となる：

$$(\alpha\omega+\beta\theta)_p = \alpha\omega_p+\beta\theta_p, \qquad \omega, \theta \in \Omega^1(M), \ \alpha, \beta \in \mathbf{R}, \ p \in M.$$

また，$f: M \to \mathbf{R}$ と $\omega \in \Omega^1(M)$ に対し，$f\omega \in \Omega^1(M)$ を $(f\omega)_p = f(p)\,\omega_p$ で定義する．

次に，滑らかな写像 $\varphi: M \to N$ に対して，線形写像

$$\varphi^*: \Omega^1(N) \to \Omega^1(M)$$

を次のように定義する：

$$(\varphi^*\omega)_p(X) = \omega_{\varphi(p)}(\mathrm{d}\varphi_p(X)), \qquad \omega \in \Omega^1(N), \ p \in M, \ X \in T_pM.$$

ここで，$\mathrm{d}\varphi_p: T_pM \to T_{\varphi(p)}N$ は φ の p における微分である(§2.4(a))．$\varphi^*\omega$ を ω の φ による**引き戻し**(pull-back)という．

$\varphi: M \to N$, $\psi: N \to L$ がともに滑らかな写像であるとき，

$$(\psi\circ\varphi)^* = \varphi^*\circ\psi^* \tag{5.1}$$

が成り立つ．これは，関数の微分における関係式

$$\mathrm{d}(\psi\circ\varphi)_p = \mathrm{d}\psi_{\varphi(p)}\circ\mathrm{d}\varphi_p$$

から導かれる．

M が N の部分多様体で，$i:M\to N$ が包含写像であるときに，$\omega\in\Omega^1(N)$ に対して，$i^*\omega\in\Omega^1(M)$ を ω の M への **制限**(restriction)といい，$\omega|M$ とも記す．

点 $p\in M$ のまわりの局所座標系 $(U;u_1,\cdots,u_n)$ をとると，各 u_i は U 上の滑らかな関数とみることができる．したがって，u_i の微分 $\mathrm{d}u_i\in\Omega^1(U)$ を考えることができる．(2.3)から，各点 $p\in M$ において

$$\mathrm{d}u_{ip}\left(\frac{\partial}{\partial u_j}\right)=\delta_{ij}\qquad(\text{Kronecker のデルタ})$$

が成り立つ．すなわち，$\mathrm{d}u_{1p},\cdots,\mathrm{d}u_{np}\in T_p{}^*M$ は $\dfrac{\partial}{\partial u_1},\cdots,\dfrac{\partial}{\partial u_n}\in T_pM$ の**双対基底**(dual basis)である．特に，任意の $\omega\in\Omega^1(U)$ は

$$\omega=\sum_{i=1}^n f_i\mathrm{d}u_i \tag{5.2}$$

の形に一意的に表わされる．ここで，f_i は U 上の関数である．

定義 5.1′　(5.2)において，$f_i\in C^\infty(U)$ $(1\leqq i\leqq n)$であるとき，U 上の1次微分形式 ω は**滑らか**であるという．この定義は U における座標のとり方によらない．M 上の1次微分形式 ω は，任意の局所座標系 $(U;u_1,\cdots,u_n)$ に対し $\omega|U$ が滑らかであるとき，**滑らか**な1次微分形式であるといわれる．　□

ω が滑らかならば，$f\in C^\infty(M)$ に対し，$f\omega$ は滑らかであり，引き戻し $\varphi^*\omega$ も滑らかである．

今後は，微分形式はすべて滑らかなものだけを考えることにする．したがって，滑らかという言葉は省略し，$\Omega^1(M)$ も滑らかな1次微分形式の全体のつくる線形空間を表わすものとする．

例 5.2　$f\in C^\infty(M)$ に対し，(2.3)または例 2.11 により

$$\mathrm{d}f|U=\sum\frac{\partial f}{\partial u_i}\mathrm{d}u_i$$

である．よって，$\mathrm{d}f$ は滑らかな1次微分形式である．　□

ω を1次微分形式，X を M 上のベクトル場とすると，滑らかな関数 $\omega(X)$ が

$$\omega(X)_p=\omega_p(X_p)$$

により定まる．実際，局所的に

$$\omega = \sum f_i \mathrm{d}x_i, \quad X = \sum \xi_i \frac{\partial}{\partial x_i}, \quad f_i, \xi_i \in C^\infty(U)$$

と表わすと

$$\omega(X) = \sum_i f_i \xi_i$$

である．なお，例2.11により，$f \in C^\infty(M)$ に対し，

$$\mathrm{d}f(X) = Xf$$

である．

(b) 高次微分形式

線形空間 V に対し，写像 $\varphi : \underbrace{V \times \cdots \times V}_{k\text{個}} \to \mathbf{R}$ で

$$\varphi(X_1, \cdots, X_{i-1}, \alpha X_i + \beta Y_i, X_{i+1}, \cdots, X_k)$$
$$= \alpha\varphi(X_1, \cdots, X_{i-1}, X_i, X_{i+1}, \cdots, X_k) + \beta\varphi(X_1, \cdots, X_{i-1}, Y_i, X_{i+1}, \cdots, X_k)$$

を満たすものを $\boldsymbol{k}$ **重線形形式**(k-fold linear form)または単に $\boldsymbol{k}$ **重形式**という．k 重形式 φ で，任意の k 次の置換 σ に対して

$$\varphi(X_{\sigma(1)}, \cdots, X_{\sigma(k)}) = \operatorname{sgn}\sigma\, \varphi(X_1, \cdots, X_k)$$

を満たすものを k 重(または k 次)**交代形式**(alternating form)という．ここで $\operatorname{sgn}\sigma$ は置換 σ の符号を表わす．V 上の k 次交代形式の全体を $\wedge^k V^*$ と記す．

例5.3 $\omega_1, \cdots, \omega_k$ は V 上の線形形式，すなわち $\omega_1, \cdots, \omega_k \in V^*$ であるとする．これに対し，$\omega_1 \wedge \cdots \wedge \omega_k \in \wedge^k V^*$ を

$$\omega_1 \wedge \cdots \wedge \omega_k(X_1, \cdots, X_k) = \det\begin{pmatrix} \omega_1(X_1) & \cdots & \omega_1(X_k) \\ \vdots & & \vdots \\ \omega_k(X_1) & \cdots & \omega_k(X_k) \end{pmatrix}$$

で定義する．行列式の性質から $\omega_1 \wedge \cdots \wedge \omega_k$ は k 重交代形式になることが容易に導かれる．行列式の性質から，次の等式も導かれる．

$$\omega_{\sigma(1)} \wedge \cdots \wedge \omega_{\sigma(k)} = \operatorname{sgn}\sigma\, \omega_1 \wedge \cdots \wedge \omega_k \tag{5.3}$$

例えば，$\omega_2 \wedge \omega_1 = -\omega_1 \wedge \omega_2$ であり，特に $\omega \wedge \omega = 0$ である．

$e_1, \cdots, e_n$ を V の基底，$e_1{}^*, \cdots, e_n{}^*$ を V^* の双対基底とすると，

$$\{e_{i_1}{}^* \wedge \cdots \wedge e_{i_k}{}^*\}_{i_1 < \cdots < i_k}$$

が $\wedge^k V^*$ の基底となる．実際，$\omega \in \wedge^k V^*$ に対し，

$$\omega = \sum_{i_1<\cdots<i_k} \omega(e_{i_1}, \cdots, e_{i_k})\, e_{i_1}{}^* \wedge \cdots \wedge e_{i_k}{}^*$$

と表示される． □

定義 5.2　多様体 M 上の k 次**微分形式**(省略して k 次形式ともいう)とは，対応

$$\omega:\ M \ni p \longmapsto \omega_p \in \textstyle\bigwedge^k T_p{}^*M$$

で，任意の局所座標系 $(U\,;\,u_1, \cdots, u_n)$ に対し，U 上では

$$\omega_p = \sum_{i_1<\cdots<i_k} f_{i_1\cdots i_k}(p)\,\mathrm{d}u_{i_1}\wedge\cdots\wedge\mathrm{d}u_{i_k}, \qquad f_{i_1\cdots i_k} \in C^\infty(U) \tag{5.4}$$

となるものをいう．M 上の k 次微分形式のつくる線形空間を $\Omega^k(M)$ と記す．$\omega \in \Omega^k(M)$ に対しても，$f \in C^\infty(M)$ との積や，引き戻し $\varphi^*\omega$ が 1 次形式の場合と同様に定義される．特に，(5.4)を用いれば，微分形式 ω の局所表示

$$\omega = \sum_{i_1<\cdots<i_k} f_{i_1\cdots i_k}\,\mathrm{d}u_{i_1}\wedge\cdots\wedge\mathrm{d}u_{i_k} \tag{5.5}$$

が得られる． □

(c) 外積

$\omega \in \Omega^k(M)$ および $\theta \in \Omega^l(M)$ に対して，**外積**(exterior product) $\omega\wedge\theta \in \Omega^{k+l}(M)$ を

$$\begin{aligned}&(\omega\wedge\theta)_p(X_1, \cdots, X_{k+l})\\&\quad= \frac{1}{k!\,l!}\sum_\sigma \operatorname{sgn}\sigma\ \omega_p(X_{\sigma(1)}, \cdots, X_{\sigma(k)})\,\theta_p(X_{\sigma(k+1)}, \cdots, X_{\sigma(k+l)})\end{aligned}$$

で定義する．ここで，和は $k+l$ 次の置換 σ すべてにわたるものとする．外積の主要な性質に次のものがある．

(i)　$(\omega\wedge\theta)\wedge\eta = \omega\wedge(\theta\wedge\eta)$　　(結合法則)

(ii)　$(f\omega+f'\omega')\wedge\theta = f(\omega\wedge\theta)+f'(\omega'\wedge\theta)$
$\omega\wedge(g\theta+g'\theta') = g(\omega\wedge\theta)+g'(\omega\wedge\theta')$　　(双線形性)
$f, f', g, g' \in C^\infty(M)$

(iii)　$\theta\wedge\omega = (-1)^{kl}\omega\wedge\theta$,　$\omega \in \Omega^k(M)$,　$\theta \in \Omega^l(M)$

(iv)　$\omega \in \Omega^1(M)$,　$\theta \in \Omega^1(M)$ のときは，$\omega\wedge\theta$ は(5.4)のものと一致する．

以上の性質が外積を特徴づける．微分形式の局所表示(5.5)と(i)～(iv)(また

は(iii)の代わりに(5.3))を用いれば，外積の計算には事足りるのである．さらに，引き戻しとの関係について，

(v) $\varphi^*(\omega\wedge\theta) = \varphi^*\omega\wedge\varphi^*\theta$

も成り立つ．

(d) 外微分

$\Omega^0(M)=C^\infty(M)$ とおき，滑らかな関数を0次微分形式と考える．関数 f の微分 $\mathrm{d}f$ をとることにより，線形写像 $\mathrm{d}:\Omega^0(M)\to\Omega^1(M)$ が定まる．これを拡張して，**外微分**(exterior differentiation)

$$\mathrm{d}:\ \Omega^k(M)\to\Omega^{k+1}(M)$$

を次のように定義する．dの満たすべき性質は次のものである．

(i) dは線形写像である．

(ii) $\omega\in\Omega^p(M)$, $\theta\in\Omega^q(M)$ に対し，

$$\mathrm{d}(\omega\wedge\theta) = \mathrm{d}\omega\wedge\theta+(-1)^p\omega\wedge\mathrm{d}\theta.$$

(iii) $f\in\Omega^0(M)=C^\infty(M)$ に対しては，$\mathrm{d}f$ は f の微分と一致する．

(iv) $f\in\Omega^0(M)$ に対し，

$$\mathrm{d}(\mathrm{d}f) = 0.$$

上の性質(i)～(iv)を満たすものとして，dは一意的に定まる．局所的に

$$\omega = \sum_{i_1<\cdots<i_k} f_{i_1\cdots i_k}\mathrm{d}u_{i_1}\wedge\cdots\wedge\mathrm{d}u_{i_k}$$

とすると，

$$\mathrm{d}\omega = \sum_{i_1<\cdots<i_k}\mathrm{d}f_{i_1\cdots i_k}\wedge\mathrm{d}u_{i_1}\wedge\cdots\wedge\mathrm{d}u_{i_k} \tag{5.6}$$

である．ここで，例5.2を用いれば

$$\mathrm{d}f_{n-k} = \sum_i\frac{\partial f_{n-k}}{\partial u_i}\mathrm{d}u_i$$

であるから，これを(5.6)に代入し，外積の性質を用いて整理すれば，$\mathrm{d}\omega$ の局所表示

$$\mathrm{d}\omega = \sum_{j_1<\cdots<j_{k+1}} g_{j_1\cdots j_{k+1}}\mathrm{d}x_{j_1}\wedge\cdots\wedge\mathrm{d}x_{j_{k+1}}$$

が得られる．

dはさらに次の性質を満たす．

$$d\circ d = 0 : \Omega^k(M) \xrightarrow{d} \Omega^{k+1}(M) \xrightarrow{d} \Omega^{k+2}(M) \tag{5.7}$$

また，引き戻しとの関係について

$$\varphi^*\circ d = d\circ\varphi^* \tag{5.8}$$

が成り立つ．ただし，$\varphi^* : \Omega^0(N) = C^\infty(N) \to C^\infty(M) = \Omega^0(M)$ は $\varphi^*(f) = f\circ\varphi$ で定義する．

(e) 微分形式の積分

M を n 次元多様体とする．$\omega\in\Omega^k(M)$ に対して

$$\mathrm{supp}\,\omega = \overline{\{p\in M;\ \omega_p \neq 0\}} \qquad (\,\overline{}\ は閉包を表わす)$$

を ω の**台**(support)という．多様体 M は向きづけられているとし，M の正の局所座標系 $(U; u_1, \cdots, u_n)$ をとる．$\mathrm{supp}\,\omega\subset U$ となる n 次微分形式 $\omega\in\Omega^n(M)$ に対し，

$$\omega = f du_1\wedge\cdots\wedge du_n$$

と表わすことにより，ω の M での積分を

$$\int_M \omega = \int_{-\infty}^{\infty}\cdots\int_{-\infty}^{\infty} f(u_1, \cdots, u_n)\,du_1\cdots du_n$$

で定義する．この定義は正の座標系 $u_1, \cdots, u_n$ のとり方によらない(積分の変数変換の公式)．

台がコンパクトな k 次微分形式のつくる線形空間を $\Omega_c{}^k(M)$ と記す．M がコンパクトならば，$\Omega_c{}^k(M) = \Omega^k(M)$ である．$\omega\in\Omega_c{}^n(M)$ に対して，その M 上での積分を次のように定義する．まず，次のような関数 $\rho_\alpha\in C^\infty(M)$ の族をとる．

(i)　各 α に対して，局所座標系 $(U_\alpha; u_1{}^\alpha, \cdots, u_n{}^\alpha)$ が存在し，

$$\mathrm{supp}\,\rho_\alpha \subset U_\alpha$$

となる．

(ii)　各点 $p\in M$ に対して，p の近傍 W が存在し，$W\cap U_\alpha \neq \emptyset$ となる α は有限個しかない．

(iii)　各点 p に対して

$$\sum \rho_\alpha(p) = 1$$

(条件(ii)により，$\rho_\alpha(p)\neq 0$ となる α は有限個だから上の和は意味があ

る).

このような関数の族は**1の分割**(partition of unity)といわれ，常に存在することが知られている([2],[3],[15] 参照)．そこで

$$\int_M \omega = \sum_\alpha \int_M \rho_\alpha \omega \tag{5.9}$$

とおく．$\mathrm{supp}\,\rho_\alpha\omega \subset U_\alpha$ となるから右辺における $\rho_\alpha\omega$ の積分は意味をもち，しかも $\mathrm{supp}\,\omega$ がコンパクトであることと(ii)から有限個の α を除いて $\rho_\alpha\omega=0$ である．よって右辺は確定した意味をもつ．さらに，この定義は1の分割 $\{\rho_\alpha\}$ のとり方によらない．

(f) Stokes の定理

これまでは，多様体といえば境界のないものばかりを考えてきた．Stokes の定理を述べるためには，ここで境界のある多様体の定義を述べる必要がある．ここでは，一般的な定式化は避け，次のように定義する．

W を(これまでの意味の)多様体 M の開集合とする．その境界 $\partial W = \overline{W} - W$ の各点のまわりで，M の局所座標系 $(U\,;\,u_1, \cdots, u_n)$ であって，

$$\overline{W} \cap U = \{u = (u_1, \cdots, u_n) \in U;\ u_1 \leqq 0\} \tag{5.10}$$

となるものがとれるとき，$N = \overline{W}$ を**境界のある多様体**(manifold with boundary)という(図5.1)．この定義から，N の**境界** $\partial N = \partial W$ に対して，

$$\partial N \cap U = \{u = (u_1, \cdots, u_n);\ u_1 = 0\}$$

となる．よって，∂N は M の $n-1$ 次元部分多様体であり，その座標として $(u_2, \cdots, u_n)$ がとれる．なお，このときベクトル $\dfrac{\partial}{\partial u_1}$ は N に関し**外向き**の法ベクトルであるという．

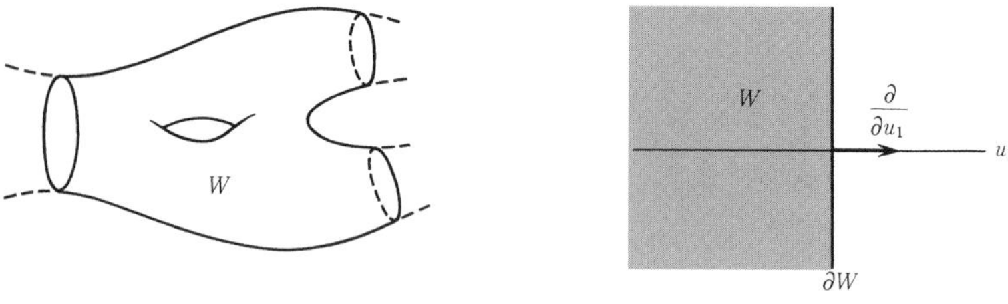

図5.1

M に向きが与えられているときは，その向きは W の向きも定める．そのとき，(5.10)を満たし，その向きに関し正となる M の局所座標 $(u_1, \cdots, u_n)$ をとり，枠 $\dfrac{\partial}{\partial u_2}, \cdots, \dfrac{\partial}{\partial u_n}$ により N の境界 ∂N の向きを定めるものと約束する．

例 5.4 n 次元閉球 $D^n = \{x = (x_1, \cdots, x_n) \in \mathbf{R}^n ; \|x\| \leqq 1\} \subset \mathbf{R}^n$ は境界のある多様体である．□

注意 5.1 境界のある多様体 $N \subset M$ を考察するときは，M の中での N の任意の開近傍 O により M を置き換えても支障は起こらない．向きについても，そのような O で向きづけ可能なものがあれば十分である．今後は，N を含む多様体として，上のような O を考えることにする．

$\omega \in \Omega^k(M)$ に対して，その N への制限 $\omega|N$ も境界のない部分多様体と同様に考えることができる．簡単のため，$\omega|N$ や $\omega|\partial N$ も ω と記す．積分については $\mathrm{supp}\,\omega \subset U$ のとき，

$$\int_N \omega = \int_{-\infty}^{0} \mathrm{d}u_1 \int_{-\infty}^{\infty} \cdots \int_{-\infty}^{\infty} f(u_1, \cdots, u_n)\, \mathrm{d}u_2 \cdots \mathrm{d}u_n$$

と定義して，一般の場合には1の分割を用いて，式(5.9)のように積分を定義する．次は微分形式に関する最も基本的な定理である([2], [3], [15] 参照)．

定理 5.1(Stokes の定理) O を向きづけられた n 次元多様体，$N \subset O$ を境界のある多様体とする($\partial N = \emptyset$ でもよい)．そのとき，$\theta \in \Omega_c^{n-1}(O)$ に対し

$$\int_N \mathrm{d}\theta = \int_{\partial N} \theta$$

が成り立つ．特に $\partial N = \emptyset$ のときは $\int_N \mathrm{d}\theta = 0$ である．□

これまでは，多様体の次元と同じ次数の微分形式の積分のみを考察してきた．これを一般の次数のものに拡張する．向きづけられた境界のある($\partial N = \emptyset$ でもよい) k 次元コンパクト多様体 $N \subset O$ に対し，滑らかな写像 $\varphi : O \to M$ の N への制限 $\varphi|N$ を多様体 M の k 次**鎖**ということにし，(N, φ) と記す．$\varphi|N$ が包含写像の場合には，(N, φ) を N と略記する．$\omega \in \Omega^k(M)$ に対し，ω の k 次鎖 (N, φ) 上の積分 $\int_{(N,\varphi)} \omega$ を

$$\int_{(N,\varphi)} \omega = \int_N \varphi^* \omega$$

により定義する．(5.8)と Stokes の定理から次の定理(これも Stokes の定理

という)を得る．

定理 5.2 多様体 M の k 次鎖 (N,φ) と $\theta\in\Omega^{k-1}(M)$ に対し，

$$\int_{(N,\varphi)}\mathrm{d}\theta=\int_{(\partial N,\partial\varphi)}\theta$$

が成り立つ．ただし，$\partial\varphi=\varphi|N$ である． □

例 5.5 埋め込み(包含)写像 $D^n\to\mathbf{R}^n$ により D^n は $\mathbf{R}^n$ の n 次鎖であり，$\partial D^n=S^{n-1}$ である．$\theta\in\Omega^{n-1}(\mathbf{R}^n)$ を

$$\theta=\sum_{i=1}^{n}(-1)^{i-1}x_i\mathrm{d}x_1\wedge\cdots\wedge\widehat{\mathrm{d}x_i}\wedge\cdots\wedge\mathrm{d}x_n\qquad(\widehat{\mathrm{d}x_i}\text{ は }\mathrm{d}x_i\text{ を除くことを意味する})$$

で定義する．$\mathrm{d}\theta=n\mathrm{d}x_1\wedge\cdots\wedge\mathrm{d}x_n$ であるから，Stokes の定理により

$$\int_{S^{n-1}}\theta=n\int_{D^n}\mathrm{d}x_1\wedge\cdots\wedge\mathrm{d}x_n=nV(D^n)$$

を得る．ここで，$V(D^n)$ は D^n の体積を表わす．また，

$$\tilde{\theta}=\frac{\theta}{({x_1}^2+\cdots+{x_n}^2)^{n/2}}\in\Omega^{n-1}(\mathbf{R}^n-\{0\})$$

とおくと，$\mathrm{d}\tilde{\theta}=0$ である．したがって，例えば $r>1$ とし，

$$N=\{x=(x_1,\cdots,x_n)\in\mathbf{R}^n;\ 1\leqq\|x\|\leqq r\}$$
$$S^{n-1}(r)=\{x=(x_1,\cdots,x_n)\in\mathbf{R}^n;\ \|x\|=r\}$$

とおくと，Stokes の定理により，

$$\int_{S^{n-1}(r)}\tilde{\theta}-\int_{S^{n-1}(1)}\tilde{\theta}=\int_N\mathrm{d}\tilde{\theta}=0$$

である．よって

$$\int_{S^{n-1}(r)}\tilde{\theta}=\int_{S^{n-1}(1)}\tilde{\theta}=\int_{S^{n-1}}\theta=nV(D^n)$$

を得る． □

§5.2 de Rham コホモロジー

M を n 次元多様体とする．M には境界があってもよいとする．(5.7)により，外微分 $\mathrm{d}:\Omega^k(M)\to\Omega^{k+1}(M)$ は $\mathrm{d}\circ\mathrm{d}=0$ を満たす．これから，§4.2(a)と同様に，鎖複体

$$\Omega^*(M):\ \Omega^0(M)\xrightarrow{\mathrm{d}}\Omega^1(M)\xrightarrow{\mathrm{d}}\cdots\to\Omega^k(M)\xrightarrow{\mathrm{d}}\Omega^{k+1}(M)\to\cdots\to\Omega^n(M)$$

を考えることができる．ただしこの場合は，d は次数を一つ上げていることに注意する．この複体を **de Rham 複体**(de Rham complex)という．de Rham 複体に対しても

$$Z^k = \mathrm{Ker}\,\mathrm{d}\colon\ \Omega^k(M) \to \Omega^{k+1}(M)$$
$$B^k = \mathrm{Im}\,\mathrm{d}\colon\ \Omega^{k-1}(M) \to \Omega^k(M)$$

とおいて，

$$H^k(M) = Z^k/B^k$$

を考察することができる．$H^k(M)$ を多様体 M の k 次 **de Rham コホモロジー**という．なお，Z^k の微分形式を**閉形式**(closed form)，B^k の微分形式を**完全形式**(exact form)という．

また，滑らかな写像 $\varphi: M \to N$ に対し，引き戻し $\varphi^*: \Omega^k(N) \to \Omega^k(M)$ は(5.8)により $\varphi^*\circ\mathrm{d}=\mathrm{d}\circ\varphi^*$ を満たすから，§4.2(c)と同様に，線形写像

$$\varphi^*\colon\ H^k(N) \to H^k(M) \tag{5.11}$$

が導かれる．(5.1)は k 次形式に対しても成り立つから，誘導写像(5.11)に対しても，(4.5)と同様に

$$(\psi\circ\varphi)^* = \varphi^*\circ\psi^* \tag{5.12}$$

が成り立つ．もちろん，恒等写像 $1: M \to M$ に対して

$$1^* = 1\colon\ H^k(M) \to H^k(M) \tag{5.12$'$}$$

である．(5.12),(5.12′)は通常 de Rham コホモロジーの**関手性**(functoriality)と呼ばれる．φ が微分同相で，$\psi=\varphi^{-1}$ のとき，$\psi\circ\varphi=1$, $\varphi\circ\psi=1$ に(5.12), (5.12′)を適用することにより，φ^* が同型写像であることがわかる．その意味で，de Rham コホモロジーは微分同相類の不変量である．

外微分 d はコンパクトな台をもつ微分形式を保つ．すなわち，

$$\mathrm{d}\colon\ \Omega_c{}^k(M) \to \Omega_c{}^{k+1}(M)$$

である．これから，**コンパクト台の de Rham コホモロジー**

$$H_c{}^k(M) = \mathrm{Ker}(\mathrm{d}: \Omega_c{}^k(M) \to \Omega_c{}^{k+1}(M))/\mathrm{Im}(\mathrm{d}: \Omega_c{}^{k-1}(M) \to \Omega_c{}^k(M))$$

が定義される．この場合は，$\varphi: M \to N$ が固有写像である(N の任意のコンパクト集合 K に対して $\varphi^{-1}(K)$ もコンパクトになる)ときに限り，誘導写像

$$\varphi^*\colon\ H_c{}^k(N) \to H_c{}^k(M)$$

が定義される．また，$\varphi: M \to N$ が開集合の包含写像であるときには，$\omega \in$

$\Omega_c^k(M)$ に対して，ω を M の外では 0 として延長することにより

$$\varphi_*:\ \Omega_c^k(M) \to \Omega_c^k(N)$$

が定義され，

$$\varphi_* \circ \mathrm{d} = \mathrm{d} \circ \varphi_*$$

が成り立つ．よって，そのとき

$$\varphi_*:\ H_c^k(M) \to H_c^k(N)$$

が導かれる．

命題 5.1　M を連結な多様体とする．このとき

$$H^0(M) \cong \mathbf{R}$$

である．

［証明］　$f \in \Omega^0(M) = C^\infty(M)$ に対し $\mathrm{d}f=0$ とする．局所的には

$$\mathrm{d}f = \sum \frac{\partial f}{\partial u_i}\mathrm{d}u_i = 0$$

から，すべての i に対し $\dfrac{\partial f}{\partial u_i}=0$ となる．よって，f は局所的に定数関数である．M が連結だから，f は定数関数でなければならない．逆に，$f=a$（定数）ならば $\mathrm{d}f=0$ である．よって，

$$H^0(M) = \{\text{定数関数}\} \cong \mathbf{R}$$

である．■

注意 5.2　M が連結であるとき，値 a をとる定数関数と $a \in \mathbf{R}$ を同一視することにより，$H^0(M)=\mathbf{R}$ と同一視する．

H^0 を除くと，定義だけから直接に多様体の de Rham コホモロジーを求めることは無理な企てである．しかし，以下に述べるいくつかの基本性質を通して，われわれは de Rham コホモロジーを手なずけることができる．

(a)　ホモトピー不変性，Poincaré の補題

命題 5.2　M を多様体，$\pi: M\times\mathbf{R} \to M$ を射影とする．このとき，誘導写像

$$\pi^*:\ H^k(M) \to H^k(M\times\mathbf{R})$$

は同型である．

［証明］　$t_0 \in \mathbf{R}$ を固定し，$s: M \to M\times\mathbf{R}$ を $s(p)=(p, t_0)$ で定義する．明らかに，$s^*\circ\pi^* = (\pi\circ s)^* = 1^* = 1:\ \Omega^k(M) \to \Omega^k(M)$ であるから，

$$s^* \circ \pi^* = 1 : H^k(M) \to H^k(M) \qquad (5.13)$$

である．そこで，§4.2(d)と同様に，“鎖ホモトピー”

$$D : \Omega^k(M\times\mathbf{R}) \to \Omega^{k-1}(M\times\mathbf{R})$$

で

$$\pi^* \circ s^* - 1 = (-1)^k(\mathrm{d}D - D\mathrm{d}) : \Omega^k(M\times\mathbf{R}) \to \Omega^k(M\times\mathbf{R}) \qquad (5.14)$$

となるものを構成すれば，命題4.2と同様の考察により

$$\pi^* \circ s^* = 1 : H^k(M\times\mathbf{R}) \to H^k(M\times\mathbf{R})$$

が得られ，(5.13)とあわせると，π^* は同型で，$\pi^{*-1} = s^*$ であることが証明されることになる．

鎖ホモトピー D を次のように構成する．$\{\rho_\alpha\}$ を M の1の分割で，$\mathrm{supp}\,\rho_\alpha$ が座標近傍 U_α に含まれるものとする．

$$\omega = \sum_\alpha (\pi^*\rho_\alpha)\,\omega = \sum_\alpha (\rho_\alpha \circ \pi)\,\omega$$

であり，$\mathrm{supp}(\pi^*\rho_\alpha)\,\omega \subset \pi^{-1}(U_\alpha) = U_\alpha\times\mathbf{R}$ である．よって，$\mathbf{R}$ の通常の座標を t と書くと，$(\pi^*\rho_\alpha)\,\omega$ は

(1)　$(\pi^*\theta) f(x,t)$

(2)　$(\pi^*\theta) f(x,t) \wedge \mathrm{d}t$

$(\theta \in \Omega^*(U_\alpha),\ f(x,t) \in C^\infty(U_\alpha\times\mathbf{R}))$

の形の微分形式の1次結合で書ける．したがって，上の(1)，(2)の形の微分形式に対して D を定義すれば十分である．そこで，

$$D((\pi^*\theta) f(x,t)) = 0, \qquad D((\pi^*\theta) f(x,t)\wedge \mathrm{d}t) = (\pi^*\theta)\int_0^t f(x,t)\,\mathrm{d}t$$

とおくと，(5.14)が成り立つことが計算により確かめられる．詳細は読者の演習にゆずる．∎

滑らかな写像 $\varphi_0, \varphi_1 : M \to N$ に対し，滑らかな写像 $F : M\times\mathbf{R} \to N$ で，

$$F(x,t) = \varphi_0(x), \qquad t \leqq 0$$
$$F(x,t) = \varphi_1(x), \qquad t \geqq 1$$

となるものが存在するとき，φ_0 と φ_1 は**ホモトープ**(homotopic)であるといい，F を φ_0 と φ_1 の間の**ホモトピー**(homotopy)という．また，$\varphi_t : M \to N$ を

$$\varphi_t(x) = F(x,t)$$

と定義し，1助変数族 φ_t をホモトピーということもある．φ_0 と φ_1 がホモトー

プであることを $\varphi_0 \simeq \varphi_1$ と表わす.

注意 5.3　位相空間 X から Y への連続な写像 $\varphi_0, \varphi_1 : X \to Y$ に対し，連続な写像 $F: X\times[0,1] \to Y$ で,

$$F(x,0) = \varphi_0(x), \quad F(x,1) = \varphi_1(x)$$

となるものが存在するとき，φ_0 と φ_1 はホモトープであるという．滑らかな写像 $\varphi_0, \varphi_1 : M \to N$ が連続の意味でホモトープであるとき，φ_0, φ_1 は滑らかな意味でもホモトープになることが知られている.

命題 5.2 からいくつかの重要な系が導かれる.

系 5.1 (de Rham コホモロジーのホモトピー不変性)　滑らかな写像 $\varphi_0, \varphi_1 : M \to N$ に対し，$\varphi_0 \simeq \varphi_1$ ならば

$$\varphi_0{}^* = \varphi_1{}^* : H^k(N) \to H^k(M)$$

である.

［証明］　F を φ_0 と φ_1 の間のホモトピーとする．$s_0, s_1 : M \to M\times\mathbf{R}$ を

$$s_0(p) = (p,0), \quad s_1(p) = (p,1)$$

で定義すると，命題 5.2 の証明からわかるように,

$$s_0{}^* = s_1{}^* = \pi^{*-1}$$

である．一方，ホモトピーの定義から

$$\varphi_0 = F\circ s_0, \quad \varphi_1 = F\circ s_1$$

であるから,

$$\varphi_0{}^* = s_0{}^*\circ F^* = s_1{}^*\circ F^* = \varphi_1{}^* \qquad \blacksquare$$

多様体 M, N に対し，滑らかな写像 $\varphi : M \to N$ と $\psi : N \to M$ で,

$$\psi\circ\varphi \simeq 1 : M \to M, \quad \varphi\circ\psi \simeq 1 : N \to N \tag{5.15}$$

となるものがあるとき，M と N は同じ**ホモトピー型** (homotopy type) をもつといい，$M \simeq N$ と記す．また，φ や ψ を**ホモトピー同値写像** (homotopy equivalence) という.

例 5.6　$M\times\mathbf{R} \simeq M$ である．命題 5.2 により，$\pi : M\times\mathbf{R} \to M$ と $s : M \to M\times\mathbf{R}$ により，$\pi\circ s = 1$, $s\circ\pi \simeq 1$ である．同様に，$M\times[0,1] \simeq M$ である.　□

注意 5.4　位相空間の間の連続ホモトピー同値関係も同じように定義される．多様体に対しては，連続な意味のホモトピー同値関係と滑らかな意味のものとは同義になる.

系 5.2 $M \simeq N$ で，$\varphi: M \to N$ がホモトピー同値写像ならば，

$$\varphi^*: H^k(N) \to H^k(M)$$

は同型写像である．

［証明］ (5.15)のような ψ をとると，系 5.1 と(5.12), (5.12′)により，

$$\varphi^* \circ \psi^* = 1, \qquad \psi^* \circ \varphi^* = 1$$

である．よって，φ^* は同型を与え，$\psi^* = \varphi^{*-1}$ である． ∎

$\mathbf{R}^n$ や D^n は1点 $\mathbf{R}^0$ と同じホモトピー型をもつ．1点 $\mathbf{R}^0$ に対しては，

$$\Omega^k(\mathbf{R}^0) = \begin{cases} \mathbf{R}, & k = 0 \\ 0, & k \neq 0 \end{cases}$$

であるから，容易に次の二つの系を得る．

系 5.3(**Poincaré の補題**)

$$H^k(\mathbf{R}^n) \cong \begin{cases} \mathbf{R}, & k = 0 \\ 0, & k \neq 0 \end{cases}$$
□

系 5.3′

$$H^k(D^n) \cong \begin{cases} \mathbf{R}, & k = 0 \\ 0, & k \neq 0 \end{cases}$$
□

コンパクト台の de Rham コホモロジーに対する Poincaré の補題は次の形をとる．

命題 5.3

$$H_c^k(\mathbf{R}^n) \cong \begin{cases} \mathbf{R}, & k = n \\ 0, & k \neq n \end{cases}$$
□

これは，命題 5.2 に対応する次の命題 5.4 から得られる．まず，線形写像 $\pi_*: \Omega_c^k(M \times \mathbf{R}) \to \Omega_c^{k-1}(M)$ を

$$\pi_*((\pi^*\theta) f(x, t)) = 0$$

$$\pi_*((\pi^*\theta) f(x, t) \wedge \mathrm{d}t) = \theta \int_{-\infty}^{\infty} f(x, t) \mathrm{d}t$$

$$(\theta \in \Omega^*(M),\ f(x, t) \in C_c^\infty(M \times \mathbf{R}))$$

で定義する．$\pi_* \circ \mathrm{d} = \mathrm{d} \circ \pi_*$ が成り立つことは容易に確かめられる．したがって，

$$\pi_*: H_c^k(M \times \mathbf{R}) \to H_c^{k-1}(M)$$

が誘導される．

命題 5.4

$$\pi_*\colon H_c{}^k(M\times\mathbf{R})\to H_c{}^{k-1}(M)$$

は同型写像である．

［証明］　$\rho:\mathbf{R}\to\mathbf{R}$ を $\operatorname{supp}\rho$ がコンパクトで $\int_{-\infty}^{\infty}\rho(t)\,\mathrm{d}t=1$ となる滑らかな関数とし，$e=\rho(t)\,\mathrm{d}t\in\Omega_c{}^1(\mathbf{R})$ とおく．そこで，

$$e_*\colon \Omega_c{}^k(M)\to\Omega_c{}^{k+1}(M\times\mathbf{R})$$
$$D\colon \Omega_c{}^k(M\times\mathbf{R})\to\Omega_c{}^{k-1}(M\times\mathbf{R})$$

を

$$e_*(\omega)=\omega\wedge e$$
$$D((\pi^*\theta)f(x,t))=0$$
$$D((\pi^*\theta)f(x,t)\wedge\mathrm{d}t)$$
$$=(\pi^*\theta)\left(\int_{-\infty}^{t}f(x,t)\,\mathrm{d}t-\int_{-\infty}^{t}\rho(t)\,\mathrm{d}t\int_{-\infty}^{\infty}f(x,t)\,\mathrm{d}t\right)$$

で定義すると，

$$\pi_*\circ e_*=1$$
$$e_*\circ\pi_*-1=(-1)^k(\mathrm{d}D-D\mathrm{d})\colon \Omega_c{}^k(M\times\mathbf{R})\to\Omega_c{}^k(M\times\mathbf{R})$$

が成り立つ．これから，コホモロジーに移ると，

$$\pi_*\colon H_c{}^k(M\times\mathbf{R})\to H_c{}^{k-1}(M)$$

は同型を与え，$e_*=\pi_*{}^{-1}$ となる．　■

(b)　相対コホモロジー

この項では，多様体はすべてコンパクトであるとする．M をコンパクト多様体，$N\subset M$ をコンパクト部分多様体とする．M,N は境界があっても差支えない．このような組 (M,N) を多様体の組ということにする．(M,N) に対して

$$\Omega^k(M,N)=\{\omega\in\Omega^k(M);\ i^*\omega=0\}$$

とおく．ここで $i:N\to M$ は包含写像である．$i^*\circ\mathrm{d}=\mathrm{d}\circ i^*$ だから，d は $\Omega^k(M,N)$ を保つ．これから，いつものようにコホモロジーに移って**相対コホモロジー** $H^k(M,N)$ が得られる．さらに，系列

$$0\to\Omega^*(M,N)\to\Omega^*(M)\xrightarrow{i^*}\Omega^*(N)\to 0$$

は完全である．(i^* が全射になることの証明は読者の演習とする．)　この短完全

系列に命題4.3を適用して次の命題を得る．

命題 5.5 コンパクトな多様体の組 (M, N) に対して，次の完全系列が生ずる．

$$\cdots \xrightarrow{i^*} H^{k-1}(N) \xrightarrow{\delta^*} H^k(M, N) \to H^k(M) \xrightarrow{i^*} H^k(N) \xrightarrow{\delta^*} H^{k+1}(M, N) \to \cdots \quad \square$$

相対コホモロジーについてもホモトピー不変性が成り立つ．(M, N)，(M', N') を多様体の組，$\varphi: M \to M'$ を滑らかな写像とする．$\varphi(N) \subset N'$ であるとき，$\varphi: (M, N) \to (M', N')$ と書く．そのとき，φ の引き戻し $\varphi^*: \Omega^k(M') \to \Omega^k(M)$ は，鎖写像

$$\varphi^*:\ \Omega^k(M', N') \to \Omega^k(M, N)$$

を定める．

命題 5.6 $\varphi: (M, N) \to (M', N')$ において，$\varphi: M \to M'$ も $\varphi|N: N \to N'$ もともにホモトピー同値写像であるとき，誘導写像

$$\varphi^*:\ H^k(M', N') \to H^k(M, N)$$

は同型写像である．

［証明］ de Rham 複体の短完全系列の間の可換な図式

$$\begin{array}{ccccccccc} 0 \to & \Omega^*(M', N') & \to & \Omega^*(M') & \to & \Omega^*(N') & \to 0 \\ & \downarrow \varphi^* & & \downarrow \varphi^* & & \downarrow \varphi^* & \\ 0 \to & \Omega^*(M, N) & \to & \Omega^*(M) & \to & \Omega^*(N) & \to 0 \end{array}$$

に例4.10と系5.2を適用すればよい． ∎

コンパクト多様体の組 (M, N) に対し，$M-N$ は M の開集合である．これに対し，$\Omega_c^*(M-N)$ は明らかに $\Omega^*(M, N)$ の部分複体である．

命題 5.7 包含写像 $\iota: \Omega_c^*(M-N) \to \Omega^*(M, N)$ は，同型

$$\iota_*:\ H_c^k(M-N) \to H^k(M, N)$$

を誘導する．

［証明］ M の中で十分小さい N の近傍の1助変数族 $\{W_t\}_{0<t<\varepsilon}$ で，$t<t'$ なら $\overline{W}_t \subset W_{t'}$ であり，各 W_t は N と同じホモトピー型をもつものをとる(このような $\{W_t\}$ は存在する．例えば，$M \subset \mathbf{R}^N$ として，$\varepsilon>0$ を十分小さくとり，$t<\varepsilon$ に対し，N からの距離が t より小さい点全体を W_t とする)．命題5.6を包含写像 $i_t: (M, N) \to (M, \overline{W}_t)$ に適用することにより，

$$i_t^*:\ H^k(M, \overline{W}_t) \to H^k(M, N) \tag{5.16}$$

は同型である．また，$\Omega^k(M, \bar{W}_t) \subset \Omega_c{}^k(M-N)$ であり，かつ

$$\Omega_c{}^k(M-N) = \bigcup_t \Omega^k(M, \bar{W}_t) \tag{5.17}$$

である．(5.16)と(5.17)から ι_* が同型になることがわかる．例えば，閉形式 $\omega \in \Omega_c{}^k(M-N)$ に対し，$\iota_*[\omega]=0$，すなわち $\omega = \mathrm{d}\theta$ となる $\theta \in \Omega^{k-1}(M, N)$ が存在するとしよう．(5.17)により，$\omega \in \Omega^k(M, \bar{W}_t)$ となる t が存在する．また，(5.16)により，$\omega = \mathrm{d}\theta'$ となる $\theta' \in \Omega^{k-1}(M, \bar{W}_t) \subset \Omega_c{}^{k-1}(M-N)$ が存在する．したがって，$[\omega]=0 \in H_c{}^k(M-N)$ である．これは ι が単射であることを示す．全射についても同様である． ■

例 5.7 $D^n - S^{n-1}$ は $\mathbf{R}^n$ と微分同相である．したがって，命題 5.3 を用いると

$$H^k(D^n, S^{n-1}) \cong H_c{}^k(\mathbf{R}^n) \cong \begin{cases} \mathbf{R}, & k=n \\ 0, & k \neq n \end{cases}$$

を得る．ここで，さらに組 (D^n, S^{n-1}) のコホモロジー完全系列(命題 5.4)と命題 5.1，系 5.3′ を用いると，$n>1$ のとき，

$$H^k(S^{n-1}) \cong \begin{cases} \mathbf{R}, & k=0,\ n-1 \\ 0, & \text{その他のとき} \end{cases}$$

を得る． □

注意 5.5 多様体 M とその閉部分集合 N に対しても，これまでと同じように，$\Omega^k(M, N)$ や $H^k(M, N)$ が定義できる．しかし，命題 5.7 の証明にあるような族 $\{W_t\}$ は一般には存在せず，命題自身も一般には成り立たない．

(c) 積

外微分の性質により，外積と外微分の間には関係式

$$\mathrm{d}(\omega\wedge\theta) = \mathrm{d}\omega\wedge\theta + (-1)^p\omega\wedge\mathrm{d}\theta, \quad \omega \in \Omega^p(M)$$

が成り立った．これにより，ω, θ がともに閉形式ならば $\omega\wedge\theta$ も閉形式になることがわかる．また，$\omega=\mathrm{d}\omega'$, $\mathrm{d}\theta=0$ ならば，$\mathrm{d}(\omega'\wedge\theta)=\mathrm{d}\omega'\wedge\theta=\omega\wedge\theta$ となる．同様に，$\mathrm{d}\omega=0$, $\theta=\mathrm{d}\theta'$ ならば，$\omega\wedge\theta=(-1)^p\mathrm{d}(\omega\wedge\theta')$ となる．このことは閉形式 ω, θ に対して，$[\omega\wedge\theta] \in H^{p+q}(M)$ が，ω と θ のコホモロジー類 $[\omega], [\theta]$ だけで定まることを示す．$[\omega\wedge\theta]$ を $[\omega]\wedge[\theta]$ と書き，$[\omega]$ と $[\theta]$ の

カップ積(cup product)または単に**積**という．

$$H^p(M)\times H^q(M)\ni([\omega],[\theta])\longmapsto[\omega]\wedge[\theta]\in H^{p+q}(M)$$

は双線形であり，§5.1(c)により

$$[\theta]\wedge[\omega]=(-1)^{pq}[\omega]\wedge[\theta]$$

を満たす．また，滑らかな写像 $\varphi: M\to N$ に対し，

$$\varphi^*(\alpha\wedge\beta)=\varphi^*(\alpha)\wedge\varphi^*(\beta),\qquad \alpha,\beta\in H^*(N)$$

が成り立つ．

同様に，$N_1, N_2\subset M$ が部分多様体であるとき，外積は写像

$$\Omega^p(M,N_1)\times\Omega^q(M,N_2)\to\Omega^{p+q}(M,N_1\cup N_2)$$

と見ることができる．これから，カップ積

$$H^p(M,N_1)\times H^q(M,N_2)\to H^{p+q}(M,N_1\cup N_2)$$

が導かれる．

演習問題

5.1 $\mathrm{SL}(n,\mathbf{R})=\{A: n$ 次正方行列；$\det A=1\}$ とおく．$A\in\mathrm{SL}(n,\mathbf{R})$ が表わす $\mathbf{R}^n$ の1次変換を φ_A と表わすと，

$$\omega=\mathrm{d}x_1\wedge\cdots\wedge\mathrm{d}x_n\in\Omega^n(\mathbf{R}^n)$$

$$\theta=\sum(-1)^{i-1}x_i\mathrm{d}x_1\wedge\cdots\wedge\widehat{\mathrm{d}x_i}\wedge\cdots\wedge\mathrm{d}x_n$$

は $\varphi_A{}^*$ により不変($\varphi_A{}^*\omega=\omega$, $\varphi_A{}^*\theta=\theta$)であることを示せ．

5.2 M を向きの定められた n 次元多様体で，Riemann計量が与えられているとする．$\omega\in\Omega^n(M)$で，任意の点 $p\in M$ と，T_pM の任意の正の直交基底(M の向きと Riemann計量に関しての) $e_1,\cdots,e_n$ に対し

$$\omega(e_1,\cdots,e_n)=1$$

となるものを M の**体積形式**(volume form)という．$D^n(r)=\{x\in\mathbf{R}^n; \|x\|\leqq r\}\subset\mathbf{R}^n$ に，$\dfrac{\partial}{\partial x_1},\cdots,\dfrac{\partial}{\partial x_n}$ が正の直交基底となるように向きと Riemann計量をいれ，$S^{n-1}(r)$ には境界 $\partial D^n(r)$ としての向きと計量を与えたとき，問題5.1の θ に対し，$(1/r)\theta|S^{n-1}(r)$ が $S^{n-1}(r)$ の体積形式になることを証明せよ(例5.5参照)．

5.3 多様体 M に対して，

$$H^k(M\times[0,1],\ M\times 0)=0$$

であることを証明せよ．また，M がコンパクトであるとき，

$$H^k(M\times[0,1],\ M\times 0\cup M\times 1)\cong H^{k-1}(M)$$

であることを証明せよ．［ヒント：$H_c{}^k(M\times\mathbf{R})$］ また，$M$ がコンパクトでない場合にも，上の同型が成り立つことを示せ．

5.4 U_1, U_2 を多様体 M の開集合で $U_1\cup U_2=M$ となるものとする．このとき，鎖複体の短完全系列

$$0\to\Omega^*(M)\to\Omega^*(U_1)\oplus\Omega^*(U_2)\to\Omega^*(U_1\cap U_2)\to 0$$

が存在することを証明し，これから完全系列

$$\cdots\to H^{q-1}(U_1\cap U_2)\to H^q(M)\to H^q(U_1)\oplus H^q(U_2)$$
$$\to H^q(U_1\cap U_2)\to H^{q+1}(M)\to\cdots$$

を導け．上の二つの完全系列をともに **Mayer-Vietoris 系列**という．

5.5 U_1, U_2 は問題 5.4 と同じとする．このとき，鎖複体の短完全系列

$$0\to\Omega_c{}^*(U_1\cap U_2)\to\Omega_c{}^*(U_1)\oplus\Omega_c{}^*(U_2)\to\Omega_c{}^*(M)\to 0$$

を示し，これからコホモロジーの完全系列

$$\cdots\to H_c{}^{k-1}(M)\to H_c{}^k(U_1\cap U_2)\to H_c{}^k(U_1)\oplus H_c{}^k(U_2)\to H_c{}^k(M)$$
$$\to H^{k+1}(U_1\cap U_2)\to\cdots$$

を導け．この場合にも，二つの完全系列を(コンパクト台の) Mayer-Vietoris 系列という．

第6章

Morse 関数と de Rham コホモロジー

第5章の導入で述べたように，Morse 関数から作った鎖複体のホモロジーの不変性を，de Rham コホモロジーを媒介として証明することができる．正確にいえば，de Rham コホモロジーと Morse 関数の鎖複体のホモロジーは互いに他方の双対線形空間となる．de Rham コホモロジーは Morse 関数とは無関係に多様体だけから決まるものであるから，上の事実は Morse 関数から作ったホモロジーの位相不変性を示すことになる．

一方，Morse 関数の鎖複体は有限次元の線形空間から構成されているから，そのホモロジーは原理的に計算可能である．したがって，上の事実は de Rham コホモロジーの計算可能性を示していることになる．

本章の主題は，Morse 関数の鎖複体と de Rham コホモロジーの間にある上述の関連である．また，重要な応用として，Künneth の公式と Poincaré の双対定理を導く．

§6.1 等高線分解

M をコンパクト n 次元多様体(境界なし)，$f: M \to \mathbf{R}$ を Morse 関数で，勾配ベクトル場 ∇f が Morse–Smale の条件を満たしているものとする．したがって，第3章のようにして鎖複体 C_* が構成される．ここで，さらに次の仮定(S)を設ける．

(S) f の臨界点 p に対して，$f(p) = \lambda_p$.

このように仮定しても一般性を失わないことは次のようにしてわかる．すなわち，∇f が Morse-Smale の条件を満たしているから，流れ $\varphi_t(q)$ に沿って f の値を連続的に動かして，(S)が満たされるように調節する(図6.1参照．図3.4(b)に上のような調節を行なった後の新しい等高線が図示されている)．このような調節によって，鎖複体 C_* は変化しないことに注意しよう．

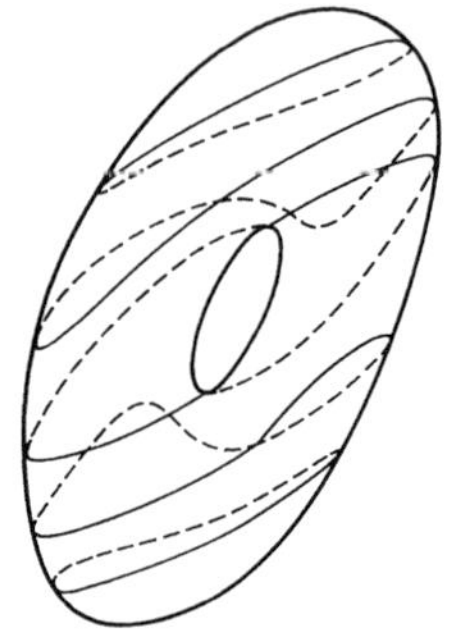

図 6.1

さて，条件(S)が満たされていれば，明らかに f の像は $[0, n]$ である．そこで，

$$M_l = f^{-1}\left(\left[0, l+\frac{1}{2}\right]\right), \qquad N_l = f^{-1}\left(\left[l-\frac{1}{2}, l+\frac{1}{2}\right]\right)$$

とおく．$l\pm 1/2$ は f の正則値であるから，命題2.6により，M_l, N_l は境界のある多様体で

$$\partial M_l = f^{-1}\left(l+\frac{1}{2}\right), \qquad \partial N_l = \partial M_l \cup \partial M_{l-1}$$

である．また，$\lambda_p = l$ となる 臨界点 p に対して

$$D_p = W^u(p) \cap N_l$$

とおく．D_p は l 次元球体 D^l と微分同相であり，したがって

$$\partial D_p = D_p \cap \partial M_{l-1}$$

は S^{l-1} と微分同相である．

補題 6.1 $$H^k(M_l, M_{l-1}) \cong \sum_{\lambda_p = l} H^k(D_p, \partial D_p)$$

ここで右辺の和は $\lambda_p = l$ となるすべての臨界点 p にわたる．

［証明の方針］ 命題5.7により，$H^k(M_l, M_{l-1})$ は $M_l - M_{l-1} = N_l - \partial M_{l-1}$ で定まるから，

$$H^k(M_l, M_{l-1}) \cong H^k(N_l, \partial M_{l-1}) \tag{6.1}$$

である．$\lambda_p = l$ となる臨界点 p に対し

$$D_p' = W^s(p) \cap N_l = W^s(p) \cap M_l$$
$$U = N_l - \bigcup (D_p \cup D_p')$$

とおく．U は流れ $\varphi_t(q)$ が ∂M_l から ∂M_{l-1} まで達するような N_l の中の軌跡(積分曲線の像)を全部集めたものである．ここでさらに，$\bigcup(D_p \cup D_p')$ の N_l における十分小さい近傍 V で軌跡によって"埋められている"ものをとる(図 6.2)．これに対し，鎖複体の短完全系列

$$0 \to \Omega^*(N_l, \partial M_{l-1}) \to \Omega^*(U, U \cap \partial M_{l-1}) \oplus \Omega^*(V, V \cap \partial M_{l-1})$$
$$\to \Omega^*(U \cap V, U \cap V \cap \partial M_{l-1}) \to 0$$

のコホモロジー完全系列を考える(演習問題 5.4 参照)．U, $U \cap V$ は ∂M_l から ∂M_{l-1} にいたる軌跡の和集合になっているから，U は $(U \cap \partial M_{l-1}) \times [0,1]$ と $U \cap V$ は $(U \cap V \cap \partial M_{l-1}) \times [0,1]$ との微分同相である．これから，すべての k に対し

$$H^k(U, U \cap \partial M_{l-1}) = 0, \quad H^k(U \cap V, U \cap V \cap \partial M_{l-1}) = 0$$

となる(演習問題 5.3 参照)．よって完全系列から

$$H^k(N_l, \partial M_{l-1}) \cong H^k(V, V \cap \partial M_{l-1}) \tag{6.2}$$

を得る．

一方，$(V, V \cap \partial M_{l-1}) \simeq (\bigcup D_p, \bigcup \partial D_p)$ であるから，(6.1)と(6.2)により

$$H^k(M_l, M_{l-1}) \cong H^k\left(\bigcup_p D_p, \bigcup \partial D_p\right) \cong \sum_p H^k(D_p, \partial D_p)$$

である． ∎

系 6.1 $\lambda_p = l$ となる臨界点の個数を m_l とすると，

$$H^k(M_l, M_{l-1}) \cong \begin{cases} \underbrace{\mathbf{R} \oplus \cdots \oplus \mathbf{R}}_{m_l}, & k = l \\ 0, & k \neq l \end{cases}$$ □

補題 6.2
$$H^k(M_l) = 0, \quad k > l$$
$$H^k(M_{k+1}) \cong H^k(M)$$

［証明］ $M_0 = f^{-1}\left(\left[0, \frac{1}{2}\right]\right)$ は m_0 個の n 次元球体 D_p' の和であるから，

$$H^k(M_0) = 0, \quad k > 0 \tag{6.3}$$

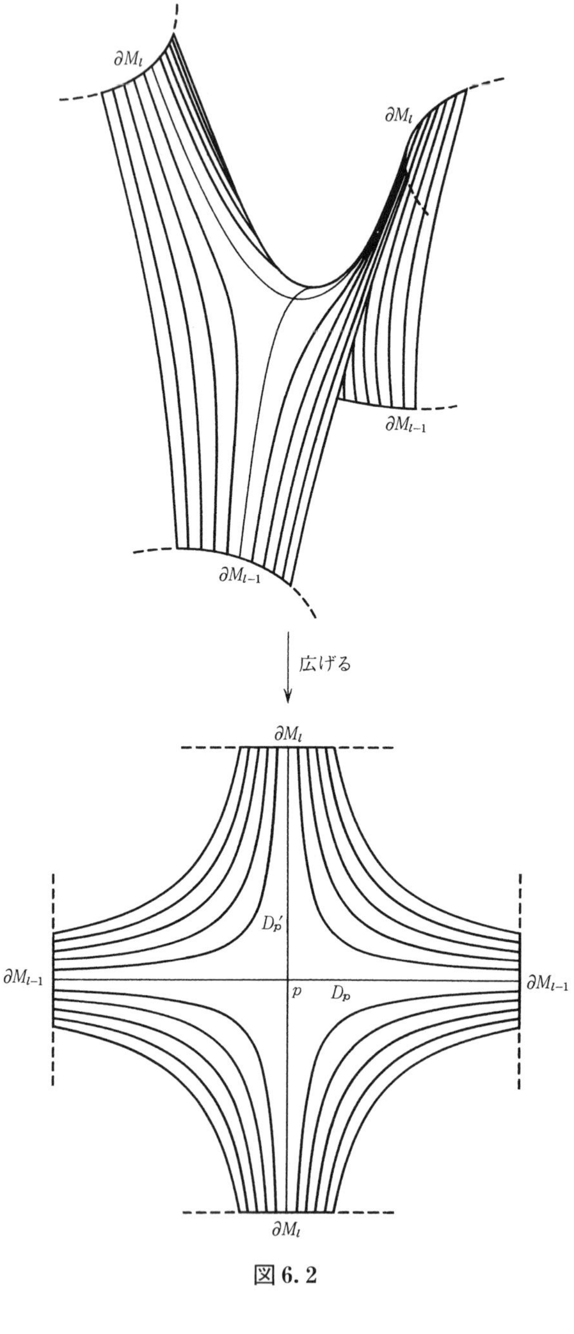

∂M_l
∂M_l
∂M_{l-1}
∂M_{l-1}
広げる
∂M_l
D'_p
∂M_{l-1}
p
D_p
∂M_{l-1}
∂M_l

図 6.2

である．また，完全系列

$$H^k(M_l, M_{l-1}) \to H^k(M_l) \to H^k(M_{l-1}) \to H^{k+1}(M_l, M_{l-1}) \quad (6.4)$$

と系 6.1 から，$k>l$ に対し

$$H^k(M_l) \cong H^k(M_{l-1}) \quad (6.5)$$

を得る．(6.3)から出発し，(6.5)を用い l に関する帰納法により第1式を得る．次に，$k<l-1$ ならば，やはり完全系列(6.4)から(6.5)が成り立つ．よって

$$H^k(M_{k+1}) \cong H^k(M_{k+2}) \cong \cdots \cong H^k(M_n) = H^k(M)$$

である． ■

以上の準備のもとに，次数を上げる鎖複体

$$C^*:\ 0 \to C^0 \xrightarrow{\delta} C^1 \xrightarrow{\delta} \cdots \to C^k \xrightarrow{\delta} C^{k+1} \xrightarrow{\delta} \cdots \xrightarrow{\delta} C^n \to 0$$

を次のように定義する．

$$C^k = H^k(M_k, M_{k-1})$$
$$\delta = \delta^*:\ C^k = H^k(M_k, M_{k-1}) \to C^{k+1} = H^{k+1}(M_{k+1}, M_k)$$

ここで，δ^* は鎖複体の短完全系列

$$0 \to \Omega^*(M_{k+1}, M_k) \to \Omega^*(M_{k+1}, M_{k-1}) \to \Omega^*(M_k, M_{k-1}) \to 0$$

の連結準同型であり，それはまた

$$H^k(M_k, M_{k-1}) \to H^k(M_k) \xrightarrow{\delta^*} H^{k+1}(M_{k+1}, M_k)$$

とも一致する．この事実を用いると容易に

$$\delta \circ \delta = 0$$

が成り立つことがわかる．

命題 6.1 鎖複体 (C^*, δ) のコホモロジーは de Rham コホモロジーと同型である．すなわち，

$$H^k(C^*) \cong H^k(M)$$

［証明］ 可換な図式

$$\begin{array}{ccccccc}
 & & 0 & & & & \\
 & & \downarrow & & & & \\
H^{k-1}(M_{k-1}, M_{k-2}) & \xrightarrow{\delta^*} & H^k(M_{k+1}, M_{k-1}) & \to & H^k(M_{k+1}, M_{k-2}) & \to & 0 \\
\| & \delta^*\searrow & \downarrow & & & & \\
C^{k-1} \xrightarrow{\delta} C^k & = & H^k(M_k, M_{k-1}) & & & & \\
\downarrow\delta & & \delta^*\downarrow & & & & \\
C^{k+1} & = & H^{k+1}(M_{k+1}, M_k) & & & &
\end{array}$$

において，横の行，縦の列はともに鎖複体の短完全系列のコホモロジー完全系列の一部であり，したがって完全である．この図式の可換性とコホモロジーの定義から

$$H^k(C^*) \cong H^k(M_{k+1}, M_{k-2})$$

を得る．しかるに，補題 6.2 を用いると，

$$H^k(M_{k+1}, M_{k-2}) \cong H^k(M_{k+1}) \cong H^k(M)$$

であるから，結局

$$H^k(C^*) \cong H^k(M)$$

が成り立つ． ∎

§6.2 ホモロジーとコホモロジーの対合

前節で導入した $C^k = H^k(M_k, M_{k-1})$ の直和分解

$$H^k(M_k, M_{k-1}) \cong \sum_{\lambda p=k} H^k(D_p, \partial D_p)$$

に対応する $H^k(M_k, M_{k-1})$ の基底を次のように定める．各 D_p の M_k における近傍 U_p で，$p \neq p'$ なら $U_p \cap U_{p'} = \emptyset$ となるものをとる．$\omega_p \in \Omega^k(M_k, M_{k-1})$ を $\mathrm{d}\omega_p = 0$ かつ

$$\mathrm{supp}\,\omega_p \subset U_p, \quad \int_{D_p} \omega_p = 1$$

となるようにとると，例 5.7 により，$\omega_p | D_p \in \Omega^k(D_p, \partial D_p)$ は $H^k(D_p, \partial D_p) \cong \mathbf{R}$ の基底を定める．また，台 $\mathrm{supp}\,\omega_p$ に関する条件から自動的に

$$\int_{D_{p'}} \omega_p = \delta_{pp'} \qquad (\text{Kronecker のデルタ}) \tag{6.6}$$

が成り立つ．ω_p のコホモロジー類を

$$p^* \in H^k(M_k, M_{k-1})$$

と書くことにする．これにより

$$H^k(M_k, M_{k-1}) = \sum_{\lambda p=k} \mathbf{R} p^* \qquad (\{p^*\,;\,\lambda_p = k\} \text{ の張る線形空間})$$

である．

ここでさらに，M に向きと Morse 関数 $f : M \to \mathbf{R}$ が与えられているとしよう．また，f の勾配ベクトル場 ∇f は Morse-Smale の条件を満たしていると

する．このとき，鎖複体 (C_*, ∂) が定まり，

$$C_k = \sum_{\lambda_p = k} \mathbf{R}p$$

であった(§3.3)．

いま，線形空間 C_k と C^k の対合

$$\langle\ ,\ \rangle : C_k \times C^k \to \mathbf{R}, \quad (\alpha, u) \longmapsto \langle \alpha, u \rangle$$

を，$\alpha = \sum a_p p$, $u = [\omega]$, $\omega \in \Omega^k(M_k, M_{k-1})$, $\mathrm{d}\omega = 0$ として

$$\langle \alpha, u \rangle = \sum a_p \int_{D_p} \omega$$

により定義する．基底 $p' \in C_k$, $p^* \in C^k$ に対しては(6.6)により

$$\langle p', p^* \rangle = \delta_{pp'}$$

である．このことは対合 $\langle\ ,\ \rangle$ が**双対的**であることを示している．すなわち，すべての $\alpha \in C_k$ に対し，$\langle \alpha, u \rangle = 0$ となる $u \in C^k$ は $u = 0$ に限る．別の言葉でいえば，$u \in C^k$ に対し，

$$u : C_k \ni \alpha \longmapsto \langle \alpha, u \rangle \in \mathbf{R}$$

を線形写像とみることにより，C^k は C_k の双対空間 $C_k{}^*$ と同一視される．

対合 $C_k \times C^k \to \mathbf{R}$ から対合 $H_k(C_*) \times H^k(C^*) \to \mathbf{R}$ を導くために，次の補題が基本的である．

補題 6.3　対合 $\langle\ ,\ \rangle : C_k \times C^k \to \mathbf{R}$ は

$$\langle \partial\alpha, u \rangle = \langle \alpha, \delta u \rangle, \quad \alpha \in C_{k+1}, \ u \in C^k$$

を満たす．

［証明］　$u \in C^k = H^k(M_k, M_{k-1})$ を代表する $\omega \in \Omega^k(M_k, M_{k-1})$ をとる．すなわち，$\omega \in \Omega^k(M_k)$ で

$$\omega | M_{k-1} = 0, \quad \mathrm{d}\omega = 0$$

である．ω を任意に M_{k+1} 上の微分形式に拡張したものを $\tilde{\omega} \in \Omega^k(M_{k+1}, M_{k-1})$ とする．$\mathrm{d}\tilde{\omega} | M_k = \mathrm{d}\omega = 0$ であって，$\mathrm{d}\tilde{\omega}$ のコホモロジー類 $[\mathrm{d}\tilde{\omega}]$ が $\delta^*[\omega] \in H^{k+1}(M_{k+1}, M_k)$，すなわち $\delta u \in C^{k+1}$ を代表する．よって，$\lambda_p = k+1$ となる臨界点 p に対し

$$\langle p, \delta u \rangle = \int_{D_p} \mathrm{d}\tilde{\omega}$$

であるが，Stokes の定理により

$$\int_{D_p} d\tilde{\omega} = \int_{\partial D_p} \tilde{\omega}$$

となり，$\partial D_p \subset M_k$ だから ∂D_p 上 $\tilde{\omega}=\omega$ なので，結局

$$\langle p, \delta u \rangle = \int_{\partial D_p} \omega \tag{6.7}$$

を得る．

そこで，$V_p = W^u(p) \cap M_k$ とおく．V_p について，まず次の事実を証明する．

(i)　$$\bar{V}_p - V_p = \bigcup_{q \in S} D_q$$

ここで，

$$S = \{q\ ;\ \lambda_q = k \text{ となる臨界点，} W^u(p) \cap W^s(q) \neq \emptyset\}$$

である．

(ii)　$q \in S$ に対し，$W^u(p) \cap W^s(q) = \bigcup J_i(p, q)$ とすると(補題 3.1)，D_q は V_p において各 $J_i(p, q)$ に対応して一つずつ**側**(side)をもつ．すなわち，$\bar{V}_p$ において D_q を含む十分小さい幅の近傍 O_q をとると，$O_q - D_q$ はいくつかの連結成分に分かれ，各連結成分はちょうど一つの $J_i(p, q)$ と交わる(図 6.3，図 6.4 参照)．このとき，Stokes の定理とあわせるために，境界 ∂V_p の中で，D_q は $J_i(p, q)$ に対応する個数だけ現れるとみなす．$J_i(p, q)$ に対応する D_q を $D_q{}^i$ と書くことにする．

(iii)　V_p には $W^u(p)$ の向きから定まる向きを与える．上の(ii)の約束のも

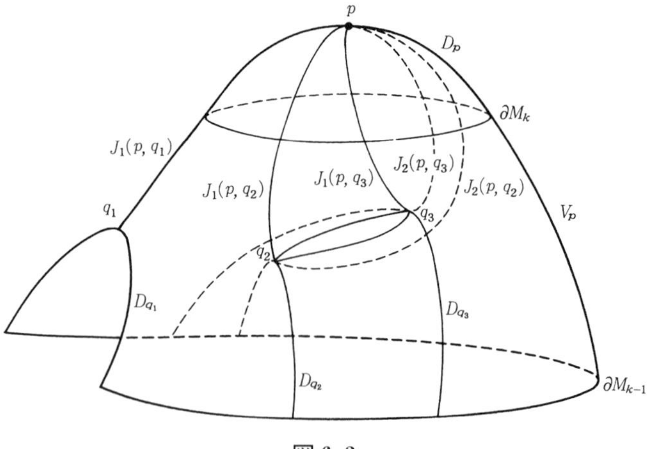

図 6.3

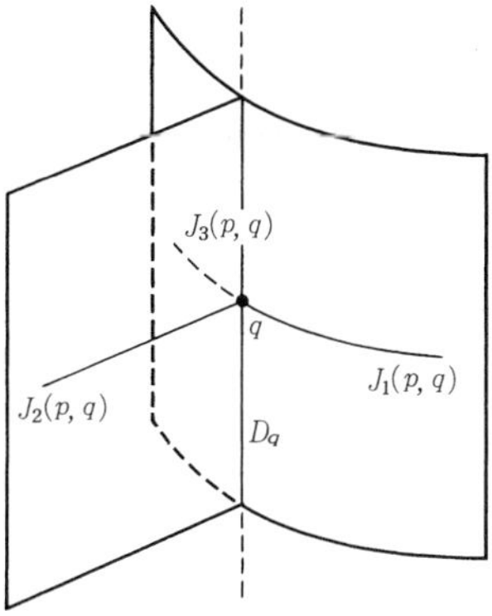

図 6.4

とに，向きもこめて

$$\partial V_p = \bigcup_{q,i} \varepsilon(J_i(p,q))D_q{}^i \cup (-\partial D_p) \cup (\partial M_{k-1} \cap V_p)$$

が成り立つ($\varepsilon(J_i(p,q))$ については，§3.3を見よ).

実際，$\lambda_q = k$ となる臨界点 q に対して，

$$\bar{V}_p \supset D_q \Longleftrightarrow W^u(p) \cap W^s(q) \neq \emptyset$$

となることは明らかであり，しかも $W^u(p) \cap W^s(q)$ の各連結成分 $J_i(p,q)$ に沿って D_q の V_p における側が一つ定まる(図6.3，図6.4参照)．このことから，向きもこめて

$$\partial V_p = \bigcup \pm D_q{}^i \cup \pm \partial D_p \cup (\partial M_{k-1} \cap V_p) \tag{6.8}$$

となることがわかる．

一方，$J_i(p,q)$ の向きの定め方について，“向きもこめて”

$$W^s(q) \cap W^u(q) = \{q\}$$
$$W^s(q) \cap W^u(p) = \sum J_i(p,q)$$

であったから，各 $D_q{}^i$ において，$J_i(p,q)$ の向きの次に $W^u(q)$ (すなわち $D_q{}^i$) の向きを並べたものが，$W^u(p)$ (すなわち V_p) の向きと一致する．上のように定めた $J_i(p,q)$ の向きを正の向きとすると，$J_i(p,q)$ の $-\nabla f$ 方向の向きが $D_q{}^i$ において V_p に関し“外向き”の向きを与えるから定義により $\varepsilon(J_i(p,q))$ が $J_i(p,q)$ の“外向き”の向きを与える．よって，多様体の境界の向きの定め方の約束により，(6.8)における $D_q{}^i$ の符号は $\varepsilon(J_i(p,q))$ である．

最後に，(6.8)における ∂D_p の符号が -1 であることは明らかであろう．以上で，(i), (ii), (iii)が証明された．

$\mathrm{d}\omega=0$ であったから，Stokes の定理により

$$\int_{\partial V_p}\omega=\int_{V_p}\mathrm{d}\omega=0$$

である．これに(iii)を用い，$\omega|M_{k-1}=0$ に注意すると，

$$\sum_{q,i}\int_{\varepsilon(J_i(p,q))Dq^i}\omega=\int_{\partial D_p}\omega$$

を得る．しかるに左辺は

$$\left\langle\sum_{q,i}\varepsilon(J_i(p,q))\,q,\,u\right\rangle=\left\langle\sum_q m(p,q)\,q,\,u\right\rangle=\langle\partial p,u\rangle$$

に等しい．よって，(6.7)とあわせて

$$\langle\partial p,u\rangle=\langle p,\delta u\rangle$$

を得る． ∎

系 6.2　双対的対合 $\langle\ ,\ \rangle\colon C_k\times C^k\to\mathbf{R}$ は双対的対合

$$\langle\ ,\ \rangle\colon H_k(C_*)\times H^k(C^*)\to\mathbf{R}$$

を誘導する．

［証明］　補題 6.3 からただちに

$$\{\alpha\in C_k\,;\,\langle\alpha,u\rangle=0,\ \forall u\in B^k\}=Z_k$$
$$\{u\in C^k\,;\,\langle\alpha,u\rangle=0,\ \forall\alpha\in B_k\}=Z^k$$

であることがわかる．したがって，対合 $\langle\ ,\ \rangle\colon Z_k\times Z^k\to\mathbf{R}$ は対合

$$\langle\ ,\ \rangle\colon Z_k/B_k\times Z^k/B^k\to\mathbf{R}$$

を誘導し，しかもそれが双対的になる． ∎

命題 6.1 と系 6.2 から，Morse 関数の鎖複体のホモロジーの位相不変性が次の形で得られる．

定理 6.1　M をコンパクトな向きづけられた境界のない多様体，$f:M\to\mathbf{R}$ を Morse 関数で，勾配ベクトル場が Morse-Smale の条件を満たしているものとする．そのとき，f から構成した鎖複体 C_* に対し，

$$H_k(C_*)\cong H^k(M)^*$$

が成り立つ． □

今後，$H_k(M)=H^k(M)^*$ を M の k 次ホモロジーという．

系 6.3　コンパクトな向きづけ可能で境界のない多様体 M に対し，

$$\dim H^k(M) < \infty$$

である．　□

注意 6.1　系 6.3 は向きづけ不可能でも，境界があっても成り立つ．向きづけに関しては，鎖複体を多様体の向きに関係なく定義することができるので(第 3 章演習問題 3.4, 3.5 参照)，それに関して $H^*(M)$ との対合を考えることにより証明できる．境界のある場合については，演習問題 6.4 を参照されたい．

コンパクト多様体 M に対し

$$b_k = \dim H_k(M) = \dim H^k(M)$$

を M の **Betti 数**という．また，

$$\chi = \sum (-1)^k b_k$$

を M の **Euler 数**という．

例 6.1　例 5.7 により，n 次元球面 S^n に対して，

$$b_k = \begin{cases} 1, & k = 0, n \\ 0, & \text{その他} \end{cases}$$

$$\chi = \begin{cases} 2, & n：\text{偶数} \\ 0, & n：\text{奇数} \end{cases}$$

である．　□

例 6.2　例 4.2 により，トーラス $T^2 = S^1 \times S^1$ に対して，

$$b_k = \begin{cases} 1, & k = 0, 2 \\ 2, & k = 1 \end{cases}$$

$$\chi = 0$$

である．　□

例 6.3　例 4.6 により，n 次元複素射影空間 $\boldsymbol{CP}^n$ に対して，

$$b_k = \begin{cases} 1, & k：\text{偶数},\ \ 0 \leqq k \leqq n \\ 0, & \text{その他} \end{cases}$$

$$\chi = n+1$$

である．　□

多様体 M の k 次鎖 (N, φ) で，特に $\partial N = \emptyset$ となるものを M の k 次**輪体**または**サイクル**(cycle)という．完全形式 $\mathrm{d}\theta \in \Omega^k(M)$ に対しては，Stokes の定

理により

$$\int_{(N,\varphi)} \mathrm{d}\theta = 0$$

である．したがって，閉形式 $\omega \in \Omega^k(M)$ に対して積分 $\int_{(N,\varphi)} \omega$ は ω のコホモロジー類 $[\omega]$ だけで定まる．これにより，(N,φ) は線形形式

$$H^k(M) \ni [\omega] \longmapsto \int_{(N,\varphi)} \omega \in \mathbf{R}$$

すなわち，ホモロジー $H_k(M)$ の元を定める．それを $[N,\varphi]$ と記して，輪体 (N,φ) のホモロジー類という．特に，$\varphi: N \to M$ が部分多様体の包含写像のときは $[N]$ と書く．

特別の場合として，M 自身(M は向きづけられた，境界のないコンパクト多様体)は M の n 次輪体である．これを多様体 M の**基本輪体**(fundamental cycle)，$[M]$ を多様体 M の**基本類**(fundamental class)という．$\int_M \omega \neq 0$ となる $\omega \in \Omega^n(M)$ が存在するから，$[M] \neq 0$ であり，よって $b_n \neq 0$ である．

例 6.4　M, M' を向きづけられた，境界のないコンパクト多様体とする．$p \in M$, $p' \in M'$ を固定し，$M \times p'$, $p \times M'$ をそれぞれ M, M' と同一視する．これらは $M \times M'$ の部分多様体であり，$\dim M = n$, $\dim M' = n'$ とすると，$[M] \in H_n(M \times M')$, $[M'] \in H_{n'}(M \times M')$ である．$\pi: M \times M' \to M$, $\pi': M \times M' \to M'$ を射影とし，$\omega \in \Omega^n(M)$, $\omega' \in \Omega^{n'}(M')$,

$$\pi^*\omega \wedge \pi'^*\omega' \in \Omega^{n+n'}(M \times M')$$

に対し，

$$\int_{M \times p'} \pi^*\omega = \int_M \omega, \qquad \int_{p \times M'} \pi'^*\omega' = \int_{M'} \omega'$$

であるから，$[M] \neq 0 \in H_n(M \times M')$, $[M'] \neq 0 \in H_{n'}(M \times M')$ である．また，$M \times M'$ の向きを，M の向きの次に M' の向きを並べたもので定めると，多重積分に関する Fubini の定理を用いて，

$$\int_{M \times M'} \pi^*\omega \wedge \pi'^*\omega' = \int_M \omega \int_{M'} \omega' \tag{6.9}$$

が成り立つことが確かめられる．したがって，$[\omega] \neq 0 \in H^n(M)$, $[\omega'] \neq 0 \in H^{n'}(M')$ ととっておけば，$[\pi^*\omega \wedge \pi'^*\omega'] \neq 0 \in H^{n+n'}(M \times M')$ である．　□

滑らかな写像 $f: M \to M'$ に対し，$f^*: H^k(M') \to H^k(M)$ の転置写像

$$ {}^t f^*: H_k(M) = (H^k(M))^* \to (H^k(M'))^* = H_k(M') $$

をホモロジーにおける f の誘導写像といい，f_* と記す．f_* もホモトピー不変性をもつ．(N, φ) が M の k 次輪体であるとき，$(N, f\circ\varphi)$ は M' の k 次輪体となり，

$$ f_*([N, \varphi]) = [N, f\circ\varphi] \tag{6.10} $$

であることが容易に確かめられる．

注意 6.2　$H_k(M)$ は線形空間として $\{[N, \varphi]\,;\, k$ 次輪体$\}$ で生成されることが知られている．したがって，(6.10)が誘導写像 f_* を定める．f_* の直観的意味はこれによってよく理解できるであろう．なお，ついでながら，部分多様体 $M_1 \subset M$ に対して，$H_k(M, M_1) = H^k(M, M_1)^*$ は，M の k 次鎖 (N, φ) であって，$\varphi(\partial N) \subset M_1$ となるものによって生成されることが，$M_1 = \emptyset$ の場合と同様にみることができる．この解釈によると，連結準同型

$$ \partial_* = {}^t\delta_*: H_k(M, M_1) \to H_{k-1}(M_1) $$

は $\partial_*([N, \varphi]) = [\partial N, \varphi|\partial N]$ となり，やはり直観的な意味が分かりやすくなる．

§6.3　積空間と Künneth の公式

M, M' をともに向きづけられ，境界のないコンパクト多様体，$f: M \to \mathbf{R}$, $f': M' \to \mathbf{R}$ を Morse 関数とする．f, f' の臨界点の全体をそれぞれ S, S' で表わそう．f, f' はともに §6.1 の条件 (S) を満たしているとする．そこで，$g: M \times M' \to \mathbf{R}$ を

$$ g(p, p') = f(p) + f'(p') $$

で定義すると，g も Morse 関数であり，その臨界点の全体 Σ は $\Sigma = S \times S'$ で与えられる．しかも，$p \times p' = (p, p') \in \Sigma$ に対して

$$ \lambda_{p\times p'} = \lambda_p + \lambda_{p'} $$

であるから，g も条件 (S) を満たしている．$M \times M'$ に対してこの g を用いて構成した鎖複体 $C_*(M \times M')$ を考察する．

$$ \Sigma^k = \{p \times p' \in \Sigma\,;\, \lambda_{p\times p'} = k\}, $$
$$ S^i = \{p \in S\,;\, \lambda_p = i\}, \qquad S'^j = \{p' \in S'\,;\, \lambda_{p'} = j\} $$

とおく．$\Sigma^k = \bigcup_{i+j=k} S^i \times S'^j$ である．定義により

$$C_k(M\times M') = \sum_{p\times p'\in\Sigma^k}\mathbf{R}p\times p' = \sum_{i+j=k}\sum_{p\in S^i, p'\in S'^j}\mathbf{R}p\times p'$$

である．したがって

$$C_k(M\times M') = \sum_{i+j=k} C_i(M)\otimes C_j(M') \tag{6.11}$$

と同一視できる．ここで，一般に，線形空間 A, B のテンソル積 $A\otimes B$ は次の性質(∗)により特徴づけられるものであることに注意する．

(∗)　標準的な双線形写像 $\kappa: A\times B\to A\otimes B$ があって，任意の双線形写像 $\psi: A\times B\to C$ に対して線形写像 $\varphi: A\otimes B\to C$ が定まり，$\psi=\varphi\circ\kappa$ となる．

(6.11)により，de Rham コホモロジーから構成された鎖複体(§6.1) C^* については，同一視

$$C^k(M\times M') = \sum_{i+j=k} C^i(M)\otimes C^j(M') \tag{6.12}$$

が得られる．この同一視は具体的には次のように記述される．以下，しばらく，微分形式 $\pi^*\omega\wedge\pi'^*\omega'$ を $\omega\wedge\omega'$ と略記する．

$\alpha\in C^i(M)$, $\alpha'\in C^j(M')$ の代表 $\omega\in\Omega^i(M_i, M_{i-1})$, $\omega'\in\Omega^j(M'_j, M'_{j-1})$ をとるのであるが，

$$(L, L_1) = \left(f^{-1}\left(\left[0, i+\frac{3}{4}\right]\right), f^{-1}\left(\left[0, i-\frac{1}{4}\right]\right)\right)$$

$$(L', L_1') = \left(f'^{-1}\left(\left[0, j+\frac{3}{4}\right]\right), f'^{-1}\left(\left[0, j-\frac{1}{4}\right]\right)\right)$$

とおいて初めから $\omega\in\Omega^i(L, L_1)$, $\mathrm{d}\omega=0$, $\omega'\in\Omega^j(L', L_1')$, $\mathrm{d}\omega'=0$ であるとしてよい．そこで，$L\times L'$ 上の滑らかな k 次微分形式 $\omega\wedge\omega'$ を $(M\times M')_{k+1/2}-(L\times L')$ では0として拡張することにより，$(M\times M')_{k+1/2}\cup L\times L'$ 上の微分形式が得られる．ここで，$(M\times M')_{k+1/2}=g^{-1}\left(\left[0, k+\frac{1}{2}\right]\right)$ である．この微分形式も $\omega\wedge\omega'$ と記す．そのとき，(6.9)から次の補題が得られる．

補題 6.4　(6.12)により $\alpha\otimes\alpha'\in C^i(M)\otimes C^j(M')$ に対応する $C^k(M\times M')$ のコホモロジー類は

$$\omega\wedge\omega'\in\Omega^k((M\times M')_{k+1/2}, (M\times M')_{k-1/2})$$

で代表される．　□

補題 6.5　$\delta: C^k(M\times M')\to C^{k+1}(M\times M')$ は(6.12)の同一視により，次の

ように与えられる.

$$\delta(\alpha\otimes\alpha') = \delta\alpha\otimes\alpha' + (-1)^i\alpha\otimes\delta\alpha', \qquad \alpha\in C^i(M),\ \alpha'\in C^j(M')$$

［証明］　上に与えた $\omega\wedge\omega'$ を $(M\times M')_{k+1+1/2}$ 上の微分形式に拡張するのだが，そのために ω を $K=f^{-1}([0,i+1+3/4])$ 上の微分形式 $\tilde\omega$ に，ω' を $K'=f'^{-1}([0,j+1+3/4])$ 上の微分形式 $\tilde\omega'$ に拡張しておき，$\tilde\omega\wedge\tilde\omega'\in\Omega^k(K\times K')$ の $(M\times M')_{k+1+1/2}$ への制限をとる($(M\times M')_{k+1+1/2}-(K\times K')$ 上では $\tilde\omega\wedge\tilde\omega'=0$ とみる)．そのようにとると，

$$K\times L'\cap(M\times M')_{k+1+1/2}\ \text{上}\quad \tilde\omega\wedge\tilde\omega' = \tilde\omega\wedge\omega'$$
$$L\times K'\cap(M\times M')_{k+1+1/2}\ \text{上}\quad \tilde\omega\wedge\tilde\omega' = \omega\wedge\tilde\omega'$$

であることに注意する．δ の定義により，

$$\delta\alpha = [\mathrm{d}\tilde\omega]\in H^{i+1}(M_i, M_{i-1}), \qquad \delta\alpha' = [\mathrm{d}\tilde\omega']\in H^{j+1}(M'_j, M'_{j-1})$$

かつ

$$\delta(\alpha\otimes\alpha') = [\mathrm{d}(\tilde\omega\wedge\tilde\omega')]\in H^{k+1}((M\times M')_{k+1+1/2}, (M\times M')_{k+1/2})$$

である．しかるに，

$$\begin{aligned}\mathrm{d}(\tilde\omega\wedge\tilde\omega') &= \mathrm{d}\tilde\omega\wedge\tilde\omega' + (-1)^i\tilde\omega\wedge\mathrm{d}\tilde\omega' \\ &= \begin{cases}\mathrm{d}\tilde\omega\wedge\omega', & K\times L'\cap(M\times M')_{k+1+1/2}\ \text{上} \\ (-1)^i\omega\wedge\mathrm{d}\tilde\omega', & L\times K'\cap(M\times M')_{k+1+1/2}\ \text{上} \\ 0, & (M\times M')_{k+1+1/2}-(K\times K')\end{cases}\end{aligned}$$

であるから，

$$\delta(\alpha\otimes\alpha') = \delta\alpha\otimes\alpha' + (-1)^i\alpha\otimes\delta\alpha'$$

を得る．∎

系 6.4　$H^k(C^*(M\times M')) \cong \sum_{i+j=k} H^i(C^*(M))\otimes H^j(C^*(M'))$

$$H_k(C_*(M\times M')) \cong \sum_{i+j=k} H_i(C_*(M))\otimes H_j(C_*(M'))$$

［証明の方針］　コホモロジーについては，次の等式を示せばよい．

$$Z^k(C^*(M\times M')) = \sum_{i+j=k} Z^i(C^*(M))\otimes Z^j(C^*(M'))$$

$$\begin{aligned}B^k(C^*(M\times M')) = \sum_{i+j=k} & Z^i(C^*(M))\otimes B^j(C^*(M')) \\ & + B^i(C^*(M))\otimes Z^j(C^*(M'))\end{aligned}$$

そのためには，$C^i(M)$ における $Z^i(C^*(M))$ の補空間 D^i，$C^j(M')$ における $Z^j(C^*(M'))$ の補空間 E^j をとると，

$$\delta: D^i \to B^{i+1}(C^*(M)), \quad \delta: E^j \to B^{j+1}(C^*(M'))$$

が同型になることを用いる． ∎

定理6.1，補題6.4と系6.4から次の定理が得られる．

定理6.2(Künneth の公式)　M, M' をコンパクトな向きづけられた境界のない多様体とする．そのとき，

$$\Omega^*(M) \otimes \Omega^*(M') \ni \omega \otimes \omega' \longmapsto \pi^*\omega \wedge \pi'^*\omega' \in \Omega^*(M \times M')$$

は de Rham コホモロジーの同型

$$\sum_{i+j=k} H^i(M) \otimes H^j(M') \ni [\omega] \otimes [\omega'] \longmapsto [\pi^*\omega \wedge \pi'^*\omega'] \in H^k(M \times M')$$

を導く．したがって，ホモロジーの同型

$$\sum_{i+j=k} H_i(M) \otimes H_j(M') \cong H_k(M \times M')$$

も得られる． □

注意6.3　注意6.1と同様，定理6.2においても向きづけ可能性や境界に関する制限は不要である．なお，ホモロジーの同型は輪体を用いると

$$H_i(M) \otimes H_j(M') \ni [N, \varphi] \otimes [N', \varphi'] \longmapsto [N \times N', \varphi \times \varphi'] \in H_k(M \times M')$$

で与えられる．

系6.5　コホモロジーにおけるカップ積(§5.2(c)参照)に関して，同一視 $H^k(M \times M') = \sum_{i+j=k} H^i(M) \otimes H^j(M')$ のもとに，次の交換法則が成り立つ．

$$(\alpha \otimes \alpha') \wedge (\beta \otimes \beta') = (-1)^{p'q} (\alpha \wedge \beta) \otimes (\alpha' \wedge \beta')$$

$$\alpha' \in H^{p'}(M'), \quad \beta \in H^q(M)$$

[証明]

$$\begin{aligned}
([\omega] \otimes [\omega']) \wedge ([\theta] \otimes [\theta']) &= [\pi^*\omega \wedge \pi'^*\omega'] \wedge [\pi^*\theta \wedge \pi'^*\theta'] \\
&= [\pi^*\omega \wedge \pi'^*\omega' \wedge \pi^*\theta \wedge \pi'^*\theta'] \\
&= (-1)^{p'q} [\pi^*\omega \wedge \pi^*\theta \wedge \pi'^*\omega' \wedge \pi'^*\theta'] \\
&= (-1)^{p'q} ([\omega] \wedge [\theta]) \otimes ([\omega'] \wedge [\theta'])
\end{aligned}$$ ∎

命題6.2　$d: M \to M \times M$ を対角写像とする．すなわち，$d(x) = (x, x)$．このとき，$\alpha \in H^p(M)$，$\beta \in H^q(M)$ に対し，

$$\alpha\wedge\beta = d^*(\alpha\otimes\beta)\in H^{p+q}(M)$$

である．

［証明］

$$\begin{aligned} d^*(\omega\otimes\omega') &= d^*(\pi^*\omega\wedge\pi'^*\omega') \\ &= d^*\pi^*\omega\wedge d^*\pi'^*\omega', \qquad \omega\in\Omega^p(M),\quad \omega'\in\Omega^q(M). \end{aligned}$$

しかるに，$\pi\circ d=\pi'\circ d=1\colon M\to M$ であるから，$d^*\pi^*=d^*\pi'^*=1$．よって，$d^*(\omega\otimes\omega')=\omega\wedge\omega'$ である．∎

§6.4　Poincaré の双対定理

Künneth の公式は多様体のコホモロジーやホモロジーに特有のものではなく，一般の位相空間のコホモロジーやホモロジーでも成り立つものである．それに反し，この節の主題である Poincaré 双対性は多様体に特有なもので，その意味で特に重要である．

以下では，M はコンパクトで連結な，向きづけられた境界のない n 次元多様体とする．

定理 6.3(Poincaré の双対定理)　上の M に対し，

$$H^k(M)\times H^{n-k}(M)\ni(\alpha,\beta)\longmapsto\langle[M],\ \alpha\wedge\beta\rangle\in\mathbf{R}$$

は双対的対合を与える．

注意 6.4　$\alpha=[\omega]$, $\omega\in\Omega^k(M)$, $\beta=[\theta]$, $\theta\in\Omega^{n-k}(M)$ とすると

$$\langle M,\alpha\wedge\beta\rangle = \int_M\omega\wedge\theta$$

である．

［証明］　$f: M\to\mathbf{R}$ を条件 (S) を満たす Morse 関数とし，それから第 3 章のように鎖複体 C_* を作る．次に，

$$h = n-f\colon M\to\mathbf{R}$$

を考える．p を f の臨界点で，p における f の指数を λ_p とすると，p は h の臨界点であり，p における h の指数は $n-\lambda_p$ である．それを $\hat{\lambda}_p$ と書こう．$\hat{\lambda}_p=h(p)$ となるから，h も条件 (S) を満たす．これから作った鎖複体を $\hat{C}_*$ と記す．臨界点 p に対応する $\hat{C}_*$ の基底を $\hat{p}$ と書いて，対合

$$\langle\ ,\ \rangle:\ C_k\times\widehat{C}_{n-k}\to\mathbf{R} \tag{6.13}$$

を $\langle p,\widehat{p'}\rangle=\delta_{pp'}$ で与える．$\widehat{C}_*$ の境界作用素を $\widehat{\partial}:\widehat{C}_l\to\widehat{C}_{l-1}$ と書くと，次の関係式が成り立つ．

$$\langle\partial p,\widehat{q}\rangle=(-1)^k\langle p,\widehat{\partial}\widehat{q}\rangle,\qquad p\in C_k,\ \widehat{q}\in\widehat{C}_{n-k+1} \tag{6.14}$$

これを証明するために，まず次の点に注意する．各 p に対し，p における f の非安定多様体 $W^u(p)$ の向きを任意に与え，それにより $W^s(p)$ の向きを定め，最後に

$$W^s(q)\cap W^u(p)=\bigcup_i J_i(p,q)$$

により $J_i(p,q)$ の向きを定め，これと $-\nabla f$ の向きとの“比”を $\varepsilon(J_i(p,q))$ とした．上の対合の定義から，

$$\langle\partial p,\widehat{q}\rangle=m(p,q)=\sum_i\varepsilon(J_i(p,q))$$

である．

一方，p における h の非安定多様体は $W^s(p)$（すなわち f の安定多様体），安定多様体は $W^u(p)$（すなわち f の非安定多様体）である．そこで，$W^s(p)$ に上に与えた向きを与えて，$W^u(p)\cap W^s(p)=\{p\}$ の向きが $+1$ となるように $W^u(p)$ の向きを定めると，それは初めに与えた $W^u(p)$ の向きの $(-1)^{k(n-k)}$ 倍になる．よって，$W^u(p)$ の次に $W^s(q)$ を置くという順序により，

$$W^u(p)\cap W^s(q)=\bigcup_i J_i(p,q)$$

の各連結成分 $J_i(p,q)$ に定まる向きは，上に定めたものの

$$(-1)^{k(n-k)}(-1)^{(k-1)(n-k)+(n-k)+(k-1)}\text{倍}=(-1)^{k-1}\text{倍}$$

である．したがって，これと $-\nabla h=\nabla f$ の向きとの“比”$\widehat{\varepsilon}(J_i(p,q))$ は，

$$\widehat{\varepsilon}(J_i(p,q))=(-1)^k\varepsilon(J_i(p,q))$$

を満たす．よって，

$$\langle p,\widehat{\partial}\widehat{q}\rangle=\sum_i\widehat{\varepsilon}(J_i(p,q))=(-1)^k\sum_i\varepsilon(J_i(p,q))=(-1)^k\langle\partial p,\widehat{q}\rangle$$

が得られ，(6.14)が示された．

さて，§6.2 で双対的対合 $C_k\times C^k\to\mathbf{R}$ を構成した．ここで，

$$C^k=H^k(M_k,M_{k-1})=H^k(N_k,\partial M_{k-1})\cong\sum_{\lambda_p=k}\mathbf{R}p^*$$

であった．これと，双対的対合(6.13)から，線形写像

$$\vartheta:\ C^k \ni p^* \longmapsto \hat{p} \in \hat{C}_{n-k}$$

は同型で，しかも，補題6.3と(6.14)から

$$\vartheta\delta = (-1)^k \hat{\partial}\vartheta \qquad (C^k\ \text{上}) \tag{6.15}$$

となることがわかる．

また，$\hat{M}_l = h^{-1}([0, l+1/2])$ とおき，

$$\hat{C}^l = H^l(\hat{M}_l, \hat{M}_{l-1}) = H^l(N_{n-l}, \partial M_{n-l+1})$$

とおくと，

$$\hat{C}^l \cong \sum_{\hat{\lambda}_p = l} \mathbf{R}\hat{p}^* = \sum_{\lambda_p = n-l} \mathbf{R}\hat{p}^*$$

である．そして，§6.2と同様に，双対的対合 $\hat{C}_l \times \hat{C}^l \to \mathbf{R}$ が得られる．よって，線形写像

$$\hat{\vartheta}:\ \hat{C}^l \ni \hat{p}^* \longmapsto p \in C_{n-l}$$

は同型で，補題6.3から

$$\hat{\vartheta}\hat{\delta} = (-1)^{n-l}\partial\hat{\vartheta} \qquad (\hat{C}^l\ \text{上}) \tag{6.16}$$

を得る($\hat{\delta} = \delta^*:\ H^l(\hat{M}_l, \hat{M}_{l+1}) \to H^{l+1}(\hat{M}_{l+1}, \hat{M}_{l+2})$)．

そこで，ϑ により C^k と $\hat{C}_{n-k}$ を，$\hat{\vartheta}$ により $\hat{C}^l$ と C_{n-l} を同一視すると，対合(6.13)は双対的対合

$$\langle\ ,\ \rangle:\ \hat{C}^k \times C^{n-k} \to \mathbf{R} \tag{6.17}$$

を与える．すなわち，$\langle \hat{p}^*, p'^* \rangle = \delta_{pp'}$ である．$\lambda_q = k+1$，すなわち，$\hat{\lambda}_q = n-k-1$, $\lambda_p = k$ とすると，(6.14)，(6.15)，(6.16)により

$$\langle \hat{\delta}\hat{p}^*, q^* \rangle = (-1)^k \langle \partial p, \hat{q} \rangle = \langle p, \hat{\partial}\hat{q} \rangle = (-1)^{k+1} \langle p^*, \hat{\delta} q^* \rangle$$

を得る．これから，双対的対合(6.17)は双対的対合

$$H^k(\hat{C}^*) \times H^{n-k}(C^{n-k}) \to \mathbf{R} \tag{6.18}$$

を導く．

しかも，$l = n-k$ とおくと，$C^{n-k} = H^l(N_l, \partial M_{l-1})$，$\hat{C}^k = H^k(N_l, \partial M_{l+1})$ であり，上の対合(6.17)が外積

$$\begin{aligned}\Omega^k(N_l, \partial M_{l+1}) \times \Omega^l(N_l, \partial M_{l-1}) &\to \Omega^{k+l}(N_l, \partial M_{l+1} \cup \partial M_{l-1}) \\ &= \Omega^n(N_l, \partial N_{l-1})\end{aligned}$$

を用いて

$$\Omega^k(N_l, \partial M_{l+1}) \times \Omega^l(N_l, \partial M_{l-1}) \ni (\omega, \theta) \longmapsto \int_{N_l} \omega \wedge \theta \in \mathbf{R}$$

で与えられることが比較的容易に確かめられる(ここで，$W^s(p) \cap W^u(p) = \{p\}$ の向きが $+1$ となるように $W^s(p), W^u(p)$ の向きが定められていることに注意する)．この解釈を用いると，定理6.2の場合と同様に，

$$\Omega^k(M) \times \Omega^l(M) \ni (\omega, \theta) \longmapsto \int_M \omega \wedge \theta \in \mathbf{R}$$

が双対的対合

$$H^k(M) \times H^l(M) \to \mathbf{R}, \quad k+l = n$$

を導くことがわかる． ∎

定理6.3により，同型 $\vartheta : H^l(M) \to H^{n-l}(M)^* = H_{n-l}(M)$ が

$$\langle \vartheta\beta, \alpha \rangle = \int_M \omega \wedge \theta, \quad \beta = [\theta] \in H^l(M), \quad \alpha = [\omega] \in H^k(M)$$

により導かれる．この同型 ϑ は，$\vartheta : C^l \to \widehat{C}_{n-l}$ により導かれたものに他ならない．

次の系は同型 ϑ の存在からただちに導かれる．

系 6.6　M をコンパクトで向きづけ可能な，境界のない n 次元多様体とする．そのとき，M の Betti 数 b_k は

$$b_k = b_{n-k}$$

を満たす．特に，M が連結ならば，$b_n = b_0 = 1$ である． □

系 6.7　M は系6.6と同じで，さらに n は奇数であるとする．そのとき，M の Euler 数は0に等しい． □

$N \subset M$ をコンパクトで向きづけられた境界のない M の k 次元部分多様体とする．$[N] \in H_k(M)$ に対して，$\vartheta^{-1}([N]) \in H^{n-k}(M)$ を部分多様体 N(または k 次鎖 N)の **Poincaré 双対**(Poincaré dual)という．定義により，任意の k 次閉形式 ω に対して

$$\int_N \omega = \int_M \omega \wedge \theta$$

が成り立つような $n-k$ 次閉形式 θ が N の Poincaré 双対を代表する．

例 6.5　簡単のため $n_1 \neq n_2$ とする．$M = S^{n_1} \times S^{n_2}$ の向きは，S^{n_1} と S^{n_2} の向きから例6.4のように定める．

$p_1 \in S^{n_1}$, $p_2 \in S^{n_2}$ を固定すると，

$$[S^{n_1} \times p_2] = [S^{n_1}] \otimes [p_2] \in H_{n_1}(M) = H_{n_1}(S^{n_1}) \otimes H_0(S^{n_2})$$
$$[p_1 \times S^{n_2}] = [p_1] \otimes [S^{n_2}] \in H_{n_2}(M) = H_0(S^{n_1}) \otimes H_{n_2}(S^{n_2})$$

である(注意6.3参照)．

$\alpha_i \in H^{n_i}(S^{n_i})$ を $\langle [S^{n_i}], \alpha_i \rangle = 1$ となるコホモロジー類とする$(i=1,2)$．そのとき

$$\vartheta^{-1}([S^{n_1} \times p_2]) = 1 \otimes \alpha_2 \in H^{n_2}(M) = H^0(S^{n_1}) \otimes H^{n_2}(S^{n_2})$$
$$\vartheta^{-1}([p_1 \times S^{n_2}]) = (-1)^{n_1 n_2} \alpha_1 \otimes 1 \in H^{n_1}(M) = H^{n_1}(S^{n_1}) \otimes H^0(S^{n_2})$$

である(系6.5を参照．また，注意5.2のように，$H^0(S^{n_i}) = \mathbf{R}$ と同一視している)． □

M の l 次輪体 $N_1 \subset M$ と $n-l$ 次輪体 $N_2 \subset M$ に対して，N_1 と N_2 の**交点数** (intersection number) $N_1 \cdot N_2$ を

$$N_1 \cdot N_2 = \langle [M],\ \vartheta^{-1}([N_1]) \wedge \vartheta^{-1}([N_2]) \rangle$$

で定義する．$\vartheta^{-1}([N_1])$ を代表する $n-l$ 次閉形式を θ_1，$\vartheta^{-1}([N_2])$ を代表する l 次閉形式を θ_2 とすると，

$$N_1 \cdot N_2 = \int_M \theta_1 \wedge \theta_2 = \int_{N_2} \theta_1 = (-1)^{l(n-l)} \int_{N_1} \theta_2 \tag{6.19}$$

である．$N_1 \cdot N_2$ は $[N_1] \in H_l(M)$, $[N_2] \in H_{n-l}(M)$ だけで決まるから，それを $[N_1] \cdot [N_2]$ とも記し，ホモロジー類 $[N_1]$ と $[N_2]$ の交点数という．交点数は双対的対合

$$H_l(M) \times H_{n-l}(M) \to \mathbf{R}$$

を与える．外積の性質からただちに次の交換法則が成り立つ．

$$N_2 \cdot N_1 = (-1)^{l(n-l)} N_1 \cdot N_2$$

次の命題は定理6.3の証明の最後の部分と似た考察で証明されるが詳細は省略する．

命題6.3 l 次輪体 $N_1 \subset M$ と $n-l$ 次輪体 $N_2 \subset M$ が M において横断的に交わっているとき，$N_1 \cap N_2 = \{p_1, \cdots, p_r\}$ とすると，

$$N_1 \cdot N_2 = \sum_{i=1}^{r} \varepsilon_i$$

である．ここで，ε_i は p_i において N_1 と N_2 の向きから例2.19の方式で定まる

符号である． □

注意 6.5　上の ε_i を N_1 と N_2 の p_i における**局所交点数**という．

例 6.6　例 6.5 において

$$[S^{n_1}\times p_2]\cdot[p_1\times S^{n_2}]=1$$

である． □

演習問題

6.1　g 個の穴のある浮袋の表面(種数 g の Riemann 面) Σ_g 上の適当な Morse 関数を用いて，Σ_g の Betti 数と Euler 数を求めよ．

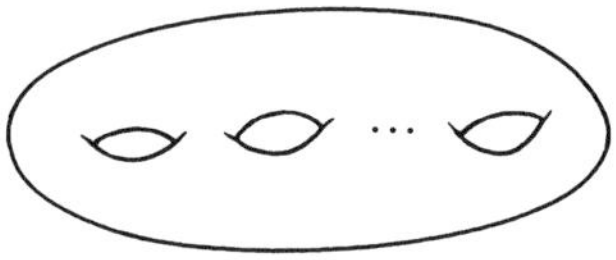

6.2　多様体の組 (M, N) のホモロジー完全系列(コホモロジー完全系列の転置系列)

$$\cdots\to H_{k+1}(M,N)\overset{\partial_*}{\to}H_k(N)\to H_k(M)\to H_k(M,N)\overset{\partial_*}{\to}H_{k-1}(M,N)\to\cdots$$

に対し，輪体の言葉を用いて完全性の証明を試みよ．

6.3　M をコンパクト n 次元多様体とする．$\partial M=N\cup N'$ において，N, N' はそれぞれ ∂M のいくつかの成分の集まったものとする($\partial N=\emptyset$ または $\partial N'=\emptyset$ でもよい)．このとき，関数 $f: M\to[-1, n+1]$ で

$$N=f^{-1}(-1),\quad N'=f^{-1}(n+1)$$

であり，f の臨界点は M の内部 $M-\partial M$ の中にだけあり，かつそれらはすべて非退化であるものが存在することを示せ．(このような f を三つ組 $(M; N, N')$ の Morse 関数という．)

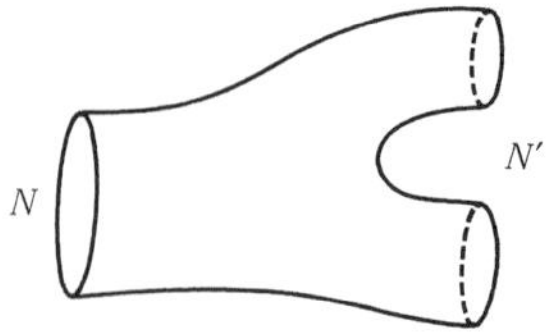

6.4　問題6.3において M は向きづけ可能であるとして，$\partial M=\emptyset$ の場合にならい，f を用いて

$$H_k(C_*(M,N))\cong H^k(M,N)^*$$

となるような鎖複体 $C_*(M,N)$ を構成せよ．

6.5　問題6.4を用いて，$H^k(M,N), H^k(M)$ が有限次元であることを示せ．

6.6　問題6.3において，M は連結で向きづけ可能であるとすると，外積

$$\Omega^k(M,N)\times\Omega^{n-k}(M,N')\to\Omega^n(M,\partial M)$$

は双対的対合

$$H^k(M,N)\times H^{n-k}(M,N')\to\mathbf{R}$$

を導くことを証明せよ．それから，同型

$$H^l(M,N')\cong H_{n-l}(M,N)$$

を導け．（この事実を Poincaré–Lefschetz の双対定理という．）

6.7　M は問題6.6と同様で，さらに n は奇数であるとする．このとき，$\chi(\partial M)=2\chi(M)$ であることを示せ．

6.8　M, M' をコンパクトで向きづけ可能な多様体，N, N' をそれぞれ $\partial M, \partial M'$ の連結成分のいくつかの集まりであるとする．このとき，Künneth の公式

$$H^k((M,N)\times(M',N'))\cong\sum_{i+j=k}H^i(M,N)\otimes H^j(M',N')$$

を証明せよ．ただし，

$$(M,N)\times(M',N')=(M\times N, M\times N'\cup M'\times N)$$

である．

6.9　複素射影空間 $\boldsymbol{CP}^n$ において，$\boldsymbol{CP}^k=\{[z_0,z_1,\cdots,z_k,0,\cdots,0]\in\boldsymbol{CP}^n\}\subset\boldsymbol{CP}^n$ とみる．また，

$$'\boldsymbol{CP}^{n-k}=\{[0,\cdots,0,z_k,\cdots,z_n]\in\boldsymbol{CP}^n\}$$

とおく．$\boldsymbol{CP}^k$, $'\boldsymbol{CP}^{n-k}$ には“複素多様体としての向き”を与える．すなわち，例えば $\boldsymbol{CP}^k$ については，例2.6の記号を用いて，複素座標 $w_1,\cdots,w_k$ に対し，$w_j=u_i+\sqrt{-1}v_j$ とおいて，$(u_1,v_1,\cdots,u_k,v_k)$ を正の座標系とする向きを与える．また，$\alpha\in H^2(\boldsymbol{CP}^n)\cong\mathbf{R}$ を $\langle[\boldsymbol{CP}^1],\alpha\rangle=1$ により定義する．このとき，次を示せ．

(i)　$\boldsymbol{CP}^k\cdot{}'\boldsymbol{CP}^{n-k}=1$

(ii)　包含写像 $\boldsymbol{CP}^{n-k}\to\boldsymbol{CP}^n$ と写像

$$\boldsymbol{CP}^{n-k}\ni[z_k,\cdots,z_n]\longmapsto[0,\cdots,0,z_k,\cdots,z_n]\in\boldsymbol{CP}^n$$

の間のホモトピーが存在する（よって，$[\boldsymbol{CP}^{n-k}]=[{}'\boldsymbol{CP}^{n-k}]$）．

(iii)　$\langle[\boldsymbol{CP}^k],\alpha^k\rangle=1$．ここで，$\alpha^k=\alpha\wedge\cdots\wedge\alpha$（$k$ 個の積）である（よって，α^k は

$H^k(\boldsymbol{C}P^n)$ の基底である).

6. 10　$f:\boldsymbol{C}P^n \to \mathbf{R}$ を

$$f([z_0, z_1, \cdots, z_n]) = \frac{|z_1|^2+2|z_2|^2+\cdots+n|z_n|^2}{\sum_{j=0}^{n}|z_j|^2}$$

で定義する. f と $h=n-f$ を用いて問題 6.9 を再考察せよ.

第7章

写像度，不動点定理

多様体の幾何の優れた定理のいくつかは，多様体の大域的な量と局所的な量とを結びつける形をとっている．大域的量とは，例えばBetti数とかEuler数のように多様体全体の考察をもとに定義されるものである．一方，局所的量とは，例えば曲率やMorse関数の臨界点における指数のように点の近くの状況だけで定まる量をいう．両者を結びつける命題の例として，Euler数をMorse関数の指数を用いて表わす公式

$$\chi(M) = \sum(-1)^{\lambda_p} \tag{7.1}$$

や，二つのホモロジー類の交点数に関する命題6.3などをあげることができる．

大域的量と局所的量との結びつきの意味はいろいろ考えられるが，次の点はしばしば強調されるものである．局所的量は多様体以外にその上のMorse関数とかRiemann計量とか副次的データに伴って定義されることが多い．それらの中には，例えばMorse関数の臨界点における指数のように，原理的に計算可能なものがよく現れる．一方，大域的量は他のデータには依存せず多様体だけで決まるものである．したがって，両者が等号で結ばれていれば，一つには局所的量が追加データによらない不変性をもつことがわかり，他方では大域的量の計算可能性や，場合によってはその具体的な計算方法が得られることになる．

本章で扱う写像度にまつわる事項や不動点定理も，上のような大域と局所の相関という観点からみることができるよい例である．

§7.1　写像度

M_1, M_2 をコンパクトで連結な向きづけられた境界のない n 次元多様体，$f: M_1 \to M_2$ を滑らかな写像とする．M_1, M_2 は連結であるから，$\omega \longmapsto \int_{M_i} \omega$ は同型 $\gamma_i: H^n(M_i) \to \mathbf{R}$ を導く．そこで，$\deg f = \gamma_1 f^* \gamma_2^{-1}(1) \in \mathbf{R}$ を f の**写像度**(mapping degree)という．$\omega \in \Omega^n(M_2)$ を $\int_{M_2} \omega = 1$ にとっておけば，

$$\mathrm{dcg}\, f = \int_{M_1} f^* \omega$$

である．また，一般に $\omega \in \Omega^n(M_2)$ で $\int_{M_2} \omega \neq 0$ となるものに対し

$$\deg f = \int_{M_1} f^* \omega \Big/ \int_{M_2} \omega$$

である．

例 7.1　$S^1 = \{z \in \mathbf{C}\,;\, |z| = 1\}$ とみて，$f: S^1 \to S^1$ を

$$f(z) = z^k, \quad k \in \mathbf{Z}$$

で定義する．極座標 $z = \mathrm{e}^{\mathrm{i}\theta}$ を用いて，$\omega = \mathrm{d}\theta$ とすると，

$$\int_{S^1} f^* \omega = \int_{S^1} k\mathrm{d}\theta = 2\pi k$$

であるから，

$$\deg f = \int_{S^1} f^* \omega \Big/ \int_{S^1} \omega = k$$

である．　□

誘導線形写像 f^* の性質から，次の命題が容易に得られる．

命題 7.1

(i)　$f_0 \simeq f_1$ ならば，$\deg f_0 = \deg f_1$

(ii)　$\deg(g \circ f) = \deg f \cdot \deg g$　□

次に，$q \in M_2$ を $f: M_1 \to M_2$ の正則値とする．すなわち，$f^{-1}(q)$ のすべての点 p において，$\mathrm{d}f_p: T_pM_1 \to T_qM_2$ が全射であるとする(演習問題 2.3 参照)．$\dim T_pM_1 = \dim T_qM_2 = n$ であるから，必然的に $\mathrm{d}f_p$ は全単射である．よって，逆関数定理により十分小さい q の座標近傍 V と p の座標近傍 U が存在して，$f|U: U \to V$ が全単射となる．特に，$f^{-1}(q)$ は孤立集合であり，M_1 がコンパ

クトだから，$f^{-1}(q)$ は有限集合である．$f^{-1}(q)=\{p_1, \cdots, p_r\}$ として，各 p_i の座標近傍 U_i を $f|U_i: U_i\to V$ が微分同相となり，かつ $f^{-1}(V)=\bigcup U_i$ となるものをとる．V を十分小さくとっておけばこれは可能である．そこで，$\omega\in\Omega^n(M_2)$ を $\mathrm{supp}\,\omega\subset V$ であり，かつ

$$\int_{M_2}\omega=\int_V\omega=1$$

となるようにとる．また，V における正の座標系 $v=(v_1, \cdots, v_n)$ と U_i における正の座標系 $u^{(i)}=(u_1{}^{(i)}, \cdots, u_n{}^{(i)})$ をとり，V 上

$$\omega=a(v)\mathrm{d}v_1\wedge\cdots\wedge\mathrm{d}v_n$$

とする．U_i のとり方から，

$$\begin{aligned}\int_{M_1}f^*\omega &= \sum_{i=1}^r\int_{U_i}f^*\omega\\ &= \sum_{i=1}^r\int_{\mathbf{R}^n}a(v(u^{(i)}))\frac{\partial(v_1, \cdots, v_n)}{\partial(u_1{}^{(i)}, \cdots, u_n{}^{(i)})}\mathrm{d}u_1{}^{(i)}\cdots\mathrm{d}u_n{}^{(i)} \qquad (7.2)\end{aligned}$$

である．ここで，

$$\varepsilon_i=\mathrm{sgn}\frac{\partial(v_1, \cdots, v_n)}{\partial(u_1{}^{(i)}, \cdots, u_n{}^{(i)})} \qquad (\mathrm{sgn}\text{ は符号 }\pm 1\text{ を示す})$$

とおくと，多重積分の変数変換の公式により，(7.2)の右辺は

$$\begin{aligned}&\sum_{i=1}^r\varepsilon_i\int_{\mathbf{R}^n}a(v(u^{(i)}))\left|\frac{\partial(v_1, \cdots, v_n)}{\partial(u_1{}^{(i)}, \cdots, u_n{}^{(i)})}\right|\mathrm{d}u_1{}^{(i)}\cdots\mathrm{d}u_n{}^{(i)}\\ &= \sum_{i=1}^r\varepsilon_i\int_{\mathbf{R}^n}a(v)\mathrm{d}v_1\cdots\mathrm{d}v_n=\sum_{i=1}^r\varepsilon_i\int_V\omega=\sum_{i=1}^r\varepsilon_i\end{aligned}$$

に等しい．

上に定義した $\varepsilon_i=\mathrm{sgn}\dfrac{\partial(v_1, \cdots, v_n)}{\partial(u_1{}^{(i)}, \cdots, u_n{}^{(i)})}$ は明らかに正の座標 $v, u^{(i)}$ のとり方によらないで定まる．ε_i を p_i における f の**局所写像度**(local degree)といい，$\deg_{p_i}f$ と記す．以上をまとめて次の命題を得る．

命題 7.2　$q\in M_2$ を f の正則値とすると，

$$\deg f=\sum_{p_i\in f^{-1}(q)}\deg_{p_i}f \qquad (7.3)$$

が成り立つ．　□

この命題は特に(7.3)の右辺が正則値 q のとり方によらないことを示す．また，次の系も得られる．

系 7.1 $\deg f$ は整数である． □

なお，f が全射でなければ，$q \in M_2 - \mathrm{Im}\, f$ は正則値であり，これに対し(7.3)を適用することにより，$\deg f = 0$ となる．よって，次の系を得る．

系 7.2 $\deg f \neq 0$ ならば，f は全射である． □

系 7.3 $f: M_1 \to M_2$ が微分同相ならば，$\deg f = \pm 1$ である．そのとき，f が向きを保つか逆にするかに従って，$\deg f = +1$ か $\deg f = -1$ である(演習問題 2.7 参照)． □

注意 7.1 一般に，$\dim M_1 \geqq \dim M_2$ であるとき，滑らかな関数 $f: M_1 \to M_2$ に対し，ほとんどすべての点(正確には，測度 0 の集合を除いた点)は f の正則値になる(Sard の定理；[16] 参照)．Morse 関数の存在もこの定理を用いて証明することができる(演習問題 3.2 参照)．

§7.2 Hopf の定理，Lefschetz の不動点定理

Morse 関数 f の臨界点はベクトル場 $X = -\nabla f$ の孤立零点であり，また X の生成する 1 助変数変換群 $\{\varphi_t\}$ の孤立不動点でもある．そのようにみたとき，(7.1)の右辺の $\varepsilon_p = (-1)^{\lambda_p}$ はベクトル場 X，あるいは変換 φ_t の言葉だけで記述できる．実際，等式(7.1)の右辺 $\sum \varepsilon_p$ は孤立零点だけをもつベクトル場，また孤立不動点だけをもつ変換に対しても定義される．そのとき，(7.1)に相当する等式を与えるのが本節のテーマである Hopf の定理であり，Lefschetz の不動点定理である．

以下，M をコンパクトで連結な境界のない n 次元多様体，$g: M \to M$ を滑らかな写像とする．g の孤立不動点 $p \in M$ に対し p における g の**不動点指数**(以後簡単のため単に指数という) $\mathrm{Ind}_p\, g$ を次のように定義する．p のまわりの局所座標系 $(U; u_1, \cdots, u_n)$ をとり，その座標 $u = u_1, \cdots, u_n$ により $U \subset \mathbf{R}^n$ とみなし，十分小さい半径 $\varepsilon > 0$ の p を中心とする球面

$$S_\varepsilon^{n-1} = \{q \in U\,;\, \|q - p\| = \varepsilon\}$$

上の関数 $h: S_\varepsilon^{n-1} \to S^{n-1}$ を

$$h(q) = \frac{q - g(q)}{\|q - g(q)\|}$$

で定義する．$S_\varepsilon^{n-1}, S^{n-1}$ には $\mathbf{R}^n$ の向きから導かれる向きを同時に入れることにより，h の写像度 $\deg h$ が定まる．$\deg h$ は局所座標系 $(U\,;u_1,\cdots,u_n)$ や $\varepsilon>0$ のとり方によらないことを示すことができる(本書の巻末の参考書 [10] 参照)．そこで

$$\mathrm{Ind}_p\, g = \deg h$$

と定義する．p において線形写像 $1-\mathrm{d}g_p\colon T_pM \to T_pM$ が正則であるときは，

$$\mathrm{Ind}_p\, g = \mathrm{sgn}\det(1-\mathrm{d}g_p) = \frac{\det(1-\mathrm{d}g_p)}{|\det(1-\mathrm{d}g_p)|}$$

となることを容易に示すことができる．このとき，p は g の**非退化**な不動点であるという．

例 7.2　$f: M \to \mathbf{R}$ を Morse 関数，$\{\varphi_t\}$ を $-\nabla f$ の生成する 1 変数変換群とする．f の臨界点 p のまわりの座標 $(u_1,\cdots,u_n)$ で

$$f(u) = f(p) - {u_1}^2 - \cdots - {u_\lambda}^2 + {u_{\lambda+1}}^2 + \cdots + {u_n}^2, \quad \lambda = \lambda_p$$

となるものをとる．また，簡単のため $\dfrac{\partial}{\partial u_1},\cdots,\dfrac{\partial}{\partial u_n}$ が正規直交基底となるような Riemann 計量をとっておく．そのとき，例 3.4 により

$$\varphi_t(u) = (u_1\mathrm{e}^{2t},\cdots,u_\lambda\mathrm{e}^{2t},u_{\lambda+1}\mathrm{e}^{-2t},\cdots,u_n\mathrm{e}^{-2t})$$

である．$t_0>0$ として，$\varphi=\varphi_{t_0}$ とおくと，

$$(1-\mathrm{d}\varphi)(\xi_1,\cdots,\xi_\lambda,\xi_{\lambda+1},\cdots,\xi_n) = ((1-\mathrm{e}^{2t_0})\xi_1,\cdots,(1-\mathrm{e}^{2t_0})\xi_\lambda,(1-\mathrm{e}^{-2t_0})\xi_{\lambda+1},\cdots,(1-\mathrm{e}^{-2t_0})\xi_n)$$

であるから

$$\mathrm{sgn}\det(1-\mathrm{d}\varphi) = (-1)^{\lambda_p}$$

である．よって，$t>0$ に対し，p は φ_t の非退化な不動点であり，

$$\mathrm{Ind}_p\,\varphi_t = (-1)^{\lambda_p}$$

である．　□

$g: M \to M$ から，写像 $\hat{g}: M \to M\times M$ を

$$\hat{g}(q) = (q, g(q))$$

で定義する．$\hat{g}(M)$ は $M\times M$ の n 次元の部分多様体である．また，対角写像 $d=\hat{1}\colon M\to M\times M$ の像 Δ も $M\times M$ の部分多様体である．g の不動点集合を F と書くと，

$$d: F \to \hat{g}(M)\cap\Delta$$

は全単射写像になる．

補題 7.1 $p\in F$ が g の非退化な不動点であるためには，$p\times p=(p,p)\in M\times M$ において $\varDelta$ と $\hat{g}(M)$ が横断的に交わることが必要かつ十分である．しかも，M が向きづけ可能ならば，p における g の指数 $\mathrm{Ind}_p\,g$ は輪体 $\hat{g}(M)$ と $\varDelta$ の $p\times p\in M\times M$ における局所交点数 ε_p と等しい． □

注意 7.2 M の向きを定めると $M\times M$ の向きが定まるが，そのようにして定まる $M\times M$ の向きは M の向きのとり方によらないで定まる．また，M の向きを逆にすると，輪体 $\varDelta$, $\hat{g}(M)$ の向きが同時に逆になるから，ε_p は M の向きによらずに定まる．なお，この考察からわかるように，ここでの局所交点数 ε_p の定義には M の p の近くの向きだけを用いている．したがって，補題 7.1 は向きづけ不可能な M に対しても意味をもつ．

［証明］ T_pM の基底 $e_1,\cdots,e_n$ をとる．$T_{p\times p}M\times M=T_pM\oplus T_pM$ と同一視できる．$T_{p\times p}M\times M$ の基底として

$$e_1\oplus 0,\ \cdots,\ e_n\oplus 0,\qquad 0\oplus e_1,\ \cdots,\ 0\oplus e_n \tag{7.4}$$

をとる．また，

$$e_1\oplus \mathrm{d}g(e_1),\ \cdots,\ e_n\oplus \mathrm{d}g(e_n);\qquad e_1\oplus e_1,\ \cdots,\ e_n\oplus e_n \tag{7.5}$$

がそれぞれ $T_{p\times p}\hat{g}(M)$, $T_{p\times p}\varDelta$ の基底となり，両者を並べると $T_{p\times p}M\times M$ の基底が得られる．二つの基底(7.4)と(7.5)の間の変換行列を A とすると，局所交点数の定義により

$$\varepsilon_p=\mathrm{sgn}\,\det A$$

である．しかるに，(7.4), (7.5)から，行列 A は

$$A=\left(\begin{array}{c|c}1_n & 1_n\\ \hline \mathrm{d}g & 1_n\end{array}\right)\qquad (1_n\ \text{は}\ n\ \text{次単位行列})$$

の形である．よって，

$$\det A=\det\left(\begin{array}{c|c}1_n & O\\ \hline \mathrm{d}g & 1_n-\mathrm{d}g\end{array}\right)=\det(1_n-\mathrm{d}g)$$

であるから，結局，$\varepsilon_p=\mathrm{Ind}_p\,g$ を得る． ∎

上の補題は交点数 $\hat{g}(M)\cdot\varDelta$ と指数 $\mathrm{Ind}_p\,g$ の和との関連を示唆する．実際，Lefschetz の不動点定理はその交点数の考察から自然に導かれる．$g:M\to M$ に対し，

$$L(g) = \sum(-1)^k \operatorname{tr}(g^* : H^k(M) \to H^k(M))$$

を g の **Lefschetz 数**という(演習問題 4.4 参照)．

定理 7.1(Lefschetz の不動点定理)　M をコンパクトで連結な，向きづけ可能な境界のない多様体，$g: M \to M$ を滑らかな写像で，その不動点はすべて孤立しているものとする．そのとき，

$$L(g) = \sum_{p \in F} \operatorname{Ind}_p g$$

が成り立つ．

注意 7.3　定理における等式の両辺とも向きとは関係なく定義されるものである．実際，定理は向きづけ可能性なしで成り立つことが知られている．

[証明]　第1段(すべての不動点 $p \in F$ が非退化である場合)

M の向きを一つ定めておく．命題 6.3，補題 7.1 により

$$\sum_{p \in F} \operatorname{Ind}_p g = \hat{g}(M) \cdot \Delta$$

である．したがって，この場合，定理は次の補題に帰着する．

補題 7.2　滑らかな写像 $g: M \to M$ に対し，

$$\hat{g}(M) \cdot \Delta = L(g)$$

が成り立つ．

[証明]　$H^k(M)$ の基底 $\alpha_1{}^k, \cdots, \alpha_{b_k}{}^k$ $(0 \leqq k \leqq n)$ をとり，$\beta_1{}^{n-k}, \cdots, \beta_{b_{n-k}}{}^{n-k}$ を $H^{n-k}(M)$ の基底で，

$$\langle [M], \beta_j{}^{n-k} \wedge \alpha_i{}^k \rangle = \delta_{ij} \tag{7.6}$$

となるものとする．これに対しては，まず，$\Delta \subset M \times M$ の Poincaré 双対 $\vartheta^{-1}([\Delta])$ が

$$\begin{aligned}\vartheta^{-1}([\Delta]) &= (-1)^n \sum_k (-1)^k \sum_i \beta_i{}^{n-k} \otimes \alpha_i{}^k \\ &\in \sum_k H^{n-k}(M) \otimes H^k(M) = H^n(M)\end{aligned} \tag{7.7}$$

で与えられることを示す．まず，計算により，

$$\begin{aligned}\delta_{ij} = \langle [M], \beta_j{}^{n-k} \wedge \alpha_i{}^k \rangle &= (-1)^{k(n-k)} \langle [M], \alpha_i{}^k \wedge \beta_j{}^{n-k} \rangle \\ &= (-1)^{k(n-k)} \langle [M], d^*(\alpha_i{}^k \otimes \beta_j{}^{n-k}) \rangle\end{aligned}$$

(命題 6.2)

$$= (-1)^{k(n-k)}\langle d_*[M], \alpha_i^{\,k}\otimes\beta_j^{\,n-k}\rangle$$
$$= (-1)^{k(n-k)}\langle [M\times M], \alpha_i^{\,k}\otimes\beta_j^{\,n-k}\wedge\vartheta^{-1}([\varDelta])\rangle$$

を得る．Künneth の公式を用いて，

$$\vartheta^{-1}([\varDelta]) = \sum_{l,s,t} a_{st}^{\,l}\beta_t^{\,n-l}\otimes\alpha_s^{\,l}$$

とおき上式に代入し，系 6.5 を用いると，

$$\delta_{ij} = (-1)^{(n-k)k+n-k}\sum_{s,t}\langle [M\times M], a_{st}^{\,k}(\alpha_i^{\,k}\wedge\beta_t^{\,n-k})\otimes(\beta_j^{\,n-k}\wedge\alpha_s^{\,k})\rangle$$
$$= (-1)^{(n-k)k+n-k+(n-k)k}\sum_{s,t} a_{st}^{\,k}\langle [M], \beta_t^{\,n-k}\wedge\alpha_i^{\,k}\rangle\langle [M], \beta_j^{\,n-k}\wedge\alpha_s^{\,k}\rangle$$
$$= (-1)^{n-k}a_{ij}^{\,k}$$

を得る．したがって

$$\vartheta^{-1}([\varDelta]) = (-1)^n\sum_k(-1)^k\sum_i \beta_i^{\,n-k}\otimes\alpha_i^{\,k}$$

である．これで(7.7)が証明された．

ここで，(6.19)と(7.7)を用いると

$$\hat{g}(M)\cdot\varDelta = (-1)^n\int_{\hat{g}(M)}\vartheta^{-1}([\varDelta])$$
$$= (-1)^n\int_M\hat{g}^*\vartheta^{-1}([\varDelta])$$
$$= \sum_k(-1)^k\sum_i\int_M\hat{g}^*(\beta_i^{\,n-k}\otimes\alpha_i^{\,k})$$
$$= \sum_k(-1)^k\sum_i\int_M\beta_i^{\,n-k}\wedge g^*\alpha_i^{\,k}$$

を得る．ここで，さらに $g^*\alpha_i^{\,k}=\sum_j g_{ij}^{\,k}\alpha_j^{\,k}$ とおき上式に代入し，(7.6)を用いると，最終的に

$$\hat{g}(M)\cdot\varDelta = \sum(-1)^k g_{ii}^{\,k}$$
$$= \sum(-1)^k\,\mathrm{tr}(g^*: H^k(M)\to H^k(M)) = L(g)$$

を得る．

第2段(一般の場合)

次の補題を援用する．これは“横断正則性定理”と呼ばれる定理(参考書 [3] 参照；注意 7.1 で述べた Sard の定理を用いて証明される)の特別の場合である．

補題 7.3 $g:M\to M$ の不動点集合 F は孤立点集合 $\{p_1,\cdots,p_r\}$ であるとする．各 p_i のまわりの局所座標系 $(U^{(i)};u_1{}^{(i)},\cdots,u_n{}^{(i)})$ と $U^{(i)}$ 内の十分小さい開球体

$$B^{(i)}=\{u^{(i)}\in U^{(i)};\ \|u^{(i)}\|<\varepsilon\}$$

に対し，ホモトピー $g_t:M\to M$ で，次の性質をもつものが存在する．

$$g_t|(M-\bigcup_i B^{(i)})=g|(M-\bigcup_i B^{(i)})$$

$$g_0=g,\qquad g_1 \text{ は非退化な不動点のみをもつ．}$$ □

さて，このような g_1 に対して，その不動点集合は $\bigcup B^{(i)}$ に含まれる．$B^{(i)}$ に含まれる g_1 の不動点を $p_1{}^{(i)},\cdots,p_{r_i}{}^{(i)}$ としよう．$p_j{}^{(i)}$ を中心とする $B^{(i)}$ 内の十分小さい球体 $B_j{}^{(i)}$ をとり，

$$W^{(i)}=\bar{B}^{(i)}-\bigcup_j B_j{}^{(i)},\qquad S^{(i)}=\partial\bar{B}^{(i)},\qquad S_j{}^{(i)}=\partial\bar{B}_j{}^{(i)}$$

とおく．$h^{(i)}:W^{(i)}\to S^{n-1}$ を

$$h^{(i)}(q)=\frac{q-g_1(q)}{\|q-g_1(q)\|}$$

で定義すると，$g|S^{(i)}=g_1|S^{(i)}=h^{(i)}|S^{(i)}$ に注意して

$$\mathrm{Ind}_{p_i}g=\deg h^{(i)}|S^{(i)}=\int_{S^{(i)}}(h^{(i)}|S^{(i)})^*\omega$$

であり，また，

$$\mathrm{Ind}_{p_j{}^{(i)}}g_1=\deg h^{(i)}|S_j{}^{(i)}=\int_{S^{(i)}}(h^{(i)}|S_j{}^{(i)})^*\omega$$

である．ここで，$\omega\in\Omega^{n-1}(S^{n-1})$，$\int_{S^{n-1}}\omega=1$ である．$\mathrm{d}\omega=0$ であることに注意すると，Stokesの定理により

$$\begin{aligned}0&=\int_{W^{(i)}}h^{(i)*}\mathrm{d}\omega=\int_{W^{(i)}}\mathrm{d}h^{(i)*}\omega\\&=\int_{S^{(i)}}(h^{(i)}|S^{(i)})^*\omega-\sum_j\int_{S_j{}^{(i)}}(h^{(i)}|S_j{}^{(i)})^*\omega\\&=\mathrm{Ind}_{p_i}g-\sum_j\mathrm{Ind}_{p_j{}^{(i)}}g_1\end{aligned}$$

である．よって，

$$\sum_i\mathrm{Ind}_{p_i}g=\sum_i\sum_j\mathrm{Ind}_{p_j{}^{(i)}}g_1$$

を得る．この g_1 に第1段を適用し，$g\simeq g_1$ だから $L(g)=L(g_1)$ であることを用いると，最終的に

$$\sum_i \mathrm{Ind}_{p_i} g = \sum_i \sum_j \mathrm{Ind}_{p_{j^{(i)}}} g_1 = L(g_1) = L(g)$$

を得る．■

系 7.4　M, g は定理 7.1 と同様とする．このとき，$L(g)\neq 0$ ならば，g は不動点をもつ．□

例 7.3　$g: S^n\to S^n$ を微分同相写像とする．n が偶数で g が向きを保つならば，g は不動点をもつ．n が奇数で g が向きを逆にするならば，g は不動点をもつ．実際，どちらの場合も

$$L(g) = 1+(-1)^n \deg g = 2$$

である．□

M は定理 7.1 と同様の多様体とし，X を M 上のベクトル場とする．$\{\varphi_t\}$ を $-X$ が生成する1変数変換群とし，十分小さい $t>0$ を固定して，$g=\varphi_t$ とおく．容易にわかるように，X の孤立零点 p は g の孤立不動点と一致する．p における g の不動点指数 $\mathrm{Ind}_p g$ を p におけるベクトル場 X の**指数**ともいい，$\mathrm{Ind}_p X$ と記す．これは十分小さい $t>0$ のとり方によらない．

定理 7.2(Hopf の定理)　M をコンパクトで連結な，向きづけ可能な境界のない多様体，X を孤立零点のみをもつ M 上のベクトル場とする．このとき，

$$\chi(M) = \sum_p \mathrm{Ind}_p X \qquad (\text{和は } X \text{ の零点すべてにわたる})$$

が成り立つ．

注意 7.4　定理 7.1 と同様に，M の向きづけ可能性の仮定は実は不要である．また，M 上の Morse 関数 f の臨界点 p に対して $\mathrm{Ind}_p \nabla f=(-1)^{\lambda_p}$ であった(例 7.2)から，等式(7.1)は Hopf の定理の特別の場合であると考えることができる．

［証明］　$g=\varphi_t\simeq 1=\varphi_0$ であるから，

$$L(g) = L(1) = \chi(M)$$

である．よって，定理 7.1 を $g=\varphi_t$ に適用すればよい．■

系 7.5　M は定理 7.2 と同様とする．もし，$\chi(M)\neq 0$ ならば M 上の任意のベクトル場は零点をもつ．□

例 7.4 偶数次元球面上の任意のベクトル場は零点をもつ．一方，例 2.14 で，奇数次元球面上には零点をもたないベクトル場が存在することを見た． □

注意 7.5 $\chi(M)=0$ ならば，零点をもたない M 上のベクトル場が存在することが知られている．特に，奇数次元の多様体上には常にそのようなベクトル場が存在する．

指数 $\mathrm{Ind}_p X$ は φ_t を用いなくても直接に次のように記述できる．

命題 7.3 X の孤立零点 p のまわりの局所座標系 $(U\,;u_1,\cdots,u_n)$ をとり，$X=\sum \xi_i \dfrac{\partial}{\partial u_i}$ として，X を写像

$$U \ni u \longmapsto (\xi_1(u),\cdots,\xi_n(u)) \in \mathbf{R}^n$$

と同一視する．そのとき，p を中心とする十分小さい半径 $\varepsilon>0$ の球面 S_ε^{n-1} に対し，$\bar{X}: S_\varepsilon^{n-1} \to S^{n-1}$ を

$$\bar{X}(u) = \frac{X(u)}{\|X(u)\|}$$

で定義すると，

$$\mathrm{Ind}_p X = \deg \bar{X}$$

である．

［証明］ $g=\varphi_t$ $(t>0)$ として，$h(u)=\dfrac{u-g(u)}{\|u-g(u)\|}$ とおくと，

$$\mathrm{Ind}_p X = \mathrm{Ind}_p g = \deg h$$

であった．しかるに，

$$\lim_{t\to 0} \frac{u-\varphi_t(u)}{t} = -\frac{\mathrm{d}}{\mathrm{d}t}\varphi_t(u)\Big|_{t=0} = X_u$$

であるから，$h \simeq \bar{X}$ である．よって，

$$\mathrm{Ind}_p X = \deg h = \deg \bar{X}$$ ∎

例 7.5 $\mathbf{R}^n$ におけるベクトル場 $X_x=(-x_1,\cdots,-x_\lambda,x_{\lambda+1},\cdots,x_n)$ の $0\in\mathbf{R}^n$ における指数は $(-1)^\lambda$ に等しい(例 3.4，例 7.2 参照)． □

例 7.6 $z=x+\mathrm{i}y$ を (x,y) と同一視することにより，$\mathbf{C}=\mathbf{R}^2$ とみる．そのとき，$\mathbf{C}$ 上のベクトル場

$$X_z = z^k, \quad k \geqq 0$$

の $0\in\mathbf{C}$ における指数は k に等しい(例 7.1 参照)．また，ベクトル場

$$Y_z = \bar{z}^k, \quad k \geqq 0$$

の 0 における指数は $-k$ に等しい． □

演習問題

7.1　$e=(0,0,1)\in S^2$ とし，立体射影 $\pi: S^2-\{e\}\to \mathbf{R}^2=\mathbf{C}$ を

$$\pi(x_1, x_2, x_3) = \frac{x_1+\mathrm{i}x_2}{1-x_3}$$

で与え，π により $\mathbf{C}$ を $S^2-\{e\}\subset S^2$ と同一視する．いま，

$$P(z) = z^n+a_1z^{n-1}+\cdots+a_{n-1}z+a_n, \quad a_i\in \mathbf{C}$$

を多項式とし，P を関数 $\mathbf{C}\to\mathbf{C}$ とみて，それを S^2 上に $P(e)=e$ として拡張する．このとき，次の問いに答えよ．

(1)　$P: S^2\to S^2$ は滑らかな関数であることを示せ．

(2)　$b\in\mathbf{C}\subset S^2$ が P の正則値になるための条件は，方程式

$$z^n+a_1z^{n-1}+\cdots+a_{n-1}z+a_n-b = 0$$

が重複根をもたないことであることを示し，それを用いて，$\deg P=n$ であることを証明せよ．

(3)　(2)を用いて，代数学の基本定理“方程式 $z^n+a_1z^{n-1}+\cdots+a_n=0$ は少なくとも一つ複素根をもつ”を証明せよ．

7.2　滑らかな関数 $f: M\to N$ において，すべての $p\in M$ に対して，$\mathrm{rank}\, \mathrm{d}f_p=\dim M$ であるとき(必然的に $\dim M\leqq\dim N$)，f は**はめ込み**(immersion)であるという．M をコンパクトで連結な，向きづけられた境界のない n 次元多様体とし，$\varphi: M\to\mathbf{R}^{n+1}$ をはめ込みとする．各点 $p\in M$ に対し，$\nu(p)\in\mathbf{R}^{n+1}$ を $\mathrm{d}\varphi_p(T_pM)$ と直交する単位ベクトルで，T_pM の正の基底 $b_1, \cdots, b_n$ に対し，$\nu(p), b_1, \cdots, b_n$ が $\mathbf{R}^{n+1}$ の正の基底となるものとする．そのとき，写像 $M\ni p\longmapsto \nu(p)\in S^n$ をはめ込み φ の **Gauss 写像**という．$n=1$ のとき，種々のはめ込み $S^1\to\mathbf{R}^2$ の例に対し，その Gauss 写像 $\nu: S^1\to S^1$ の写像度を計算せよ．また，任意の $d\in\mathbf{Z}$ に対し，$\deg\nu=d$ となるはめ込み $S^1\to\mathbf{R}^2$ が存在することを示せ．

7.3　埋め込み $S^1\to\mathbf{R}^2$ に対しては，その Gauss 写像の写像度は ±1 に等しいことを証明せよ．

7.4　$\dim M=n$, $\varphi: M\to\mathbf{R}^{n+1}$ をはめ込みとする．$e\in S^n$ に対し，$f: M\to\mathbf{R}$ を $f(p)=\langle\varphi(p), e\rangle$ で定義する．このとき，次の事実を証明せよ．

(1) p が f の臨界点 $\Longleftrightarrow \nu(p)=\pm e$

(2) f が Morse 関数 $\Longleftrightarrow e, -e$ がともに ν の正則値

(3) f が Morse 関数であるとき,

$$\deg_p \nu = (-1)^n(-1)^{\lambda_p}, \quad p \in \nu^{-1}(e)$$
$$\deg_p \nu = (-1)^{\lambda_p}, \quad p \in \nu^{-1}(-e)$$

(4) n が偶数ならば, $2\deg\nu = \chi(M)$

注意 $n=2$ とする. M に Riemann 計量が与えられているとき, S^2 には $\mathbf{R}^3$ の内積から導かれる Riemann 計量をいれ, $\mathrm{d}V_M$, $\mathrm{d}V_{S^2}$ をそれぞれの体積形式(演習問題 5.2)とし,

$$\nu^*\mathrm{d}V_{S^2} = \kappa\,\mathrm{d}V_M$$

と書くと, κ は“Gauss 曲率”と呼ばれるものである. (4)の等式の左辺は

$$2\deg\nu = 2\int_M \kappa\,\mathrm{d}V_M \Big/ \int_{S^2}\mathrm{d}V_{S^2} = \frac{1}{2\pi}\int_M \kappa\,\mathrm{d}V_M$$

であるから, (4)により,

$$\frac{1}{2\pi}\int_M \kappa\,\mathrm{d}V_M = \chi(M)$$

を得る. これが“Gauss-Bonnet の公式”と呼ばれる有名な等式である.

7.5 M をコンパクトで連結な, 向きづけ可能な多様体, $g: M\to M$ を滑らかな写像で, その不動点集合は ∂M と交わらないものとする. このときにも Lefschetz の不動点公式が成り立つことを証明せよ. [ヒント: $\hat{g}(M)$ を $(M, \partial M)\times M$ の輪体, $\Delta = d(M)$ を $M\times(M, \partial M)$ の輪体とみて, $\sum \mathrm{Ind}_p g = \hat{g}(M)\cdot\Delta$ を“Poincaré-Lefschetz 双対” $\vartheta^{-1}([\Delta]) \in H^n((M, \partial M)\times M)$ を用いて計算する.]

7.6 M は問題 7.5 と同じとし, X を M 上のベクトル場で, ∂M 上では外向きになっているものとする. このときにも Hopf の定理が成り立つことを証明せよ.

7.7 例 7.6 のベクトル場の積分曲線を求め, それらを図示せよ.

7.8 $n=2k$ のとき, 例 2.14 のベクトル場 X の二つの零点 $(0, \cdots, 0, \pm 1)$ における指数はともに 1 に等しいことを示し, それにより, この X に対し定理 7.2 の等式を直接確かめよ.

第 8 章

まつわり数，Hopf 不変量

3 次元ユークリッド空間内の単一閉曲線を**結び糸**または結び目(knot)という．結び糸には様々の形のものがあり，その分類は現在でも活潑な研究の対象になっている(例えば［21］参照)．

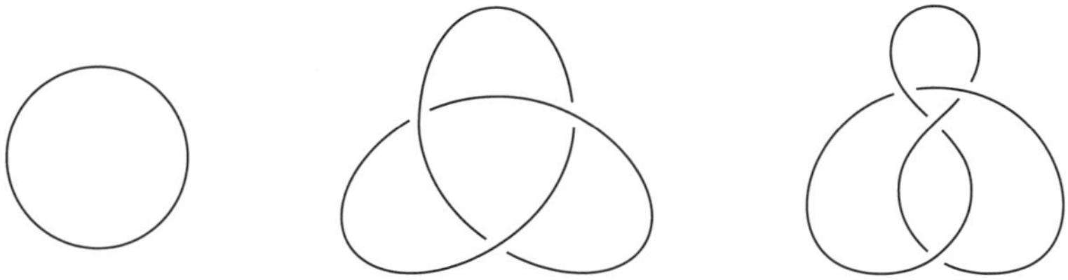

図 8.1

この章では，二つの互いに交わらない結び糸の絡み具合を表わすまつわり数という比較的簡単な不変量を扱う．まつわり数の定義のしかたはいろいろあるが，ここでは写像度を用いた定義から出発する．それからガウスの積分表示や Seifert 膜を使う表示などを与える．また電磁気学における Biot-Savart の法則がまつわり数と関連していることにも触れる(ベクトル解析の用語は既知とする；例えば［20］参照)．最後に，連続写像 $f: S^3 \to S^2$ の Hopf 不変量で章を終る．

§8.1　まつわり数

結び糸というとき，通常は連続な曲線も含めるのであるが，ここでは滑らかなものだけを考える．すなわち，3次元ユークリッド空間 $\mathbf{R}^3$ の中の滑らかな(境界のない) 1次元連結コンパクト部分多様体 K を結び糸ということにする．この場合，円 S^1 からの微分同相写像 $f: S^1 \to K \subset \mathbf{R}^3$ がある．K に向きをつけて考えるときは，S^1 の点を $x = \mathrm{e}^{\sqrt{-1}t}$ ($t \in \mathbf{R}$) と表わして，S^1 の向きを $\dfrac{\partial}{\partial t}$ が正の向きになるものとして定め，f は向きを保つ写像であると約束する．

定義 8.1　$K_1, K_2 \subset \mathbf{R}^3$ を互いに交わらない向きのついた結び糸とする．このとき，

$$F(p_1, p_2) = \frac{p_2 - p_1}{\| p_2 - p_1 \|}$$

により定義される写像 $F: K_1 \times K_2 \to S^2 \subset \mathbf{R}^3$ の写像度を K_1 と K_2 の**まつわり数** (linking number)といい，記号 $Lk(K_1, K_2)$ で表わす．ここで，$K_1 \times K_2$ には積の向き(例 6.4)，S^2 には演習問題 5.2 の向きを入れる．　□

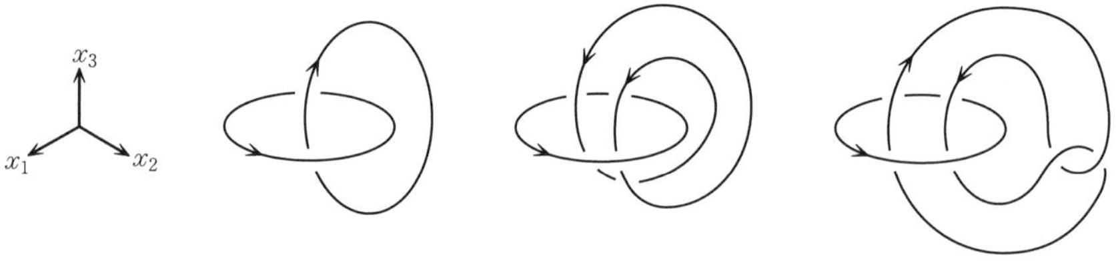

図 8.2

まつわり数を計算し易い形にするため，まず $\mathbf{R}^3 - \{0\}$ 上の2次微分形式

$$\tilde{\theta} = \frac{x_1 \mathrm{d}x_2 \wedge \mathrm{d}x_3 + x_2 \mathrm{d}x_3 \wedge \mathrm{d}x_1 + x_3 \mathrm{d}x_1 \wedge \mathrm{d}x_2}{r^3}, \quad r = \sqrt{{x_1}^2 + {x_2}^2 + {x_3}^2}$$

を考える．$\mathrm{d}\tilde{\theta} = 0$, $\int_{S^2} \tilde{\theta} = 4\pi$ である(例 5.5 参照)．写像度の定義により

$$Lk(K_1, K_2) = \frac{1}{4\pi} \int_{K_1 \times K_2} F^* \tilde{\theta}$$

であるが，F を写像 $K_1 \times K_2 \to \mathbf{R}^3 - \{0\}$ とみたとき，F は

$$G(p_1, p_2) = p_2 - p_1 \tag{8.1}$$

とホモトープであり，$d\tilde{\theta}=0$ であるから，系 5.1 により

$$Lk(K_1, K_2) = \frac{1}{4\pi}\int_{K_1\times K_2} G^*\tilde{\theta} \tag{8.2}$$

である．

$f_i: S^1\to K_i$ $(i=1,2)$ を向きを保つ微分同相写像とする．$f_1\times f_2: S^1\times S^1\to K_1\times K_2$ は向きを保つ微分同相写像であるから，その写像度は 1 に等しく，したがって

$$Lk(K_1, K_2) = \deg F = \deg F\circ(f_1\times f_2) = \frac{1}{4\pi}\int_{S^1\times S^1}(f_1\times f_2)^*G^*\tilde{\theta}$$

である．$f_i(e^{\sqrt{-1}\,t_i})=p_i(t_i)=(x_1(t_i), x_2(t_i), x_3(t_i))$ $(i=1,2)$ と書く．

$$(f_1\times f_2)^*G^*dx_i = -\frac{dx_i(t_1)}{dt_1}dt_1+\frac{dx_i(t_2)}{dt_2}dt_2$$

であることに注意すると，簡単な計算で

$$(f_1\times f_2)^*G^*\tilde{\theta} = \frac{A(t_1, t_2)}{\|p_1(t_1)-p_2(t_2)\|^3}dt_1\wedge dt_2$$

$$A(t_1, t_2) = \det\begin{pmatrix} p_1(t_1)-p_2(t_2) \\ \dfrac{dp_1}{dt_1}(t_1) \\ \dfrac{dp_2}{dt_2}(t_2) \end{pmatrix}$$

となることがわかる．以上をまとめて次の命題を得る．

命題 8.1(ガウスの積分表示)

$$Lk(K_1, K_2) = \frac{1}{4\pi}\int_0^{2\pi}dt_2\int_0^{2\pi}\frac{A(t_1, t_2)}{\|p_1(t_1)-p_2(t_2)\|^3}dt_1 \qquad \square$$

この式の右辺だけからはその値が整数であることは直ぐには見えない．左辺は写像度であるから整数であり，上の等式は右辺の積分が整数になることの幾何学的意味を与えるものであるとも考えることができる．なお，通常のベクトル解析の記号を用いると，$A(t_1, t_2)$ は

$$A(t_1, t_2) = \left((p_1(t_1)-p_2(t_2))\times\frac{dp_1}{dt_1}(t_1)\right)\cdot\frac{dp_2}{dt_2}(t_2) \tag{8.3}$$

と書かれる．$\times$ は $\mathbf{R}^3$ のベクトルの外積，$\cdot$ は内積を表わす．次の命題は定義からも，命題 8.1 からも容易にしたがう．

命題 8.2

(1) $Lk(K_2, K_1) = Lk(K_1, K_2)$.

(2) 結び糸 K の向きを逆にしたものを $-K$ と書くと，

$$Lk(-K_1, K_2) = Lk(K_1, -K_2) = -Lk(K_1, K_2). \qquad \square$$

§8.2 Biot-Savart の法則

$K_2 \subset \mathbf{R}^3 - K_1$ であり，(8.1)の式は写像 $G: K_1 \times (\mathbf{R}^3 - K_1) \to \mathbf{R}^3 - \{0\}$ を定める．$K_1 \times (\mathbf{R}^3 - K_1)$ 上の2次微分形式 $G^*\tilde{\theta}$ を K_1 方向に積分すると $\mathbf{R}^3 - K_1$ 上の1次微分形式 $\omega = \int_{K_1} G^*\tilde{\theta}$ が得られる．ω を $\mathbf{R}^3 - K_1$ の1次サイクル K_2 上で積分した値が $Lk(K_1, K_2)$ である．$\mathbf{R}^3 - K_1$ の点を $p = (x_1, x_2, x_3)$ と書き，$\mathbf{R}^3 - K_1$ 上の1次微分形式 $\mathrm{d}p = (\mathrm{d}x_1, \mathrm{d}x_2, \mathrm{d}x_3)$ を用いると，(8.3)と同様の記法により，

$$-\omega = \frac{1}{4\pi}\left(\int_0^{2\pi} \frac{(p - p_1(t_1)) \times \dfrac{\mathrm{d}p_1}{\mathrm{d}t_1}(t_1)}{\| p - p_1(t_1) \|^3} \mathrm{d}t_1\right) \cdot \mathrm{d}p \tag{8.4}$$

である．(8.4)の右辺に対応する $\mathbf{R}^3 - K_1$ のベクトル場

$$\frac{1}{4\pi}\left(\int_0^{2\pi} \frac{(p - p_1(t_1)) \times \dfrac{\mathrm{d}p_1}{\mathrm{d}t_1}(t_1)}{\| p - p_1(t_1) \|^3} \mathrm{d}t_1\right) \cdot \left(\frac{\partial}{\partial x_1}, \frac{\partial}{\partial x_2}, \frac{\partial}{\partial x_3}\right)$$

は，Biot-Savart の法則により，曲線 K_1 上を強さ1の定常電流が流れているとき，$\mathbf{R}^3 - K_1$ 上に生ずる磁場を表わす．

一般に，$\mathbf{R}^3$ の中の開集合 U 上のベクトル場の全体のベクトル空間を $\mathfrak{X}(U)$ と書き，線形写像 $\kappa_1: \mathfrak{X}(U) \to \Omega^1(U)$ を

$$\kappa_1\left((\xi_1, \xi_2, \xi_3) \cdot \left(\frac{\partial}{\partial x_1}, \frac{\partial}{\partial x_2}, \frac{\partial}{\partial x_3}\right)\right) = (\xi_1, \xi_2, \xi_3) \cdot (\mathrm{d}x_1, \mathrm{d}x_2, \mathrm{d}x_3)$$

で定めると，$\mathfrak{X}(U)$ と $\Omega^1(U)$ との間の同型が得られる．また，線形同型写像 $\kappa_2: \mathfrak{X}(U) \to \Omega^2(U)$ を

$$\kappa_2\left((\xi_1, \xi_2, \xi_3) \cdot \left(\frac{\partial}{\partial x_1}, \frac{\partial}{\partial x_2}, \frac{\partial}{\partial x_3}\right)\right) = \xi_1 \mathrm{d}x_2 \wedge \mathrm{d}x_3 + \xi_2 \mathrm{d}x_3 \wedge \mathrm{d}x_1 + \xi_3 \mathrm{d}x_1 \wedge \mathrm{d}x_2$$

で定義する．ベクトル解析における記号を，κ_1, κ_2 を用いて，ベクトル場での言葉から微分形式での言葉に翻訳すると見通しがよくなる．実際，次の命題は簡

単な演習問題である．

命題 8.3 $f \in C^\infty(U)$，$X \in \mathscr{X}(U)$ に対して

$$\varkappa_1(\mathrm{grad}\, f) = \mathrm{d}f, \quad \varkappa_2(\mathrm{rot}\, X) = \mathrm{d}\varkappa_1(X)$$

$$(\mathrm{div}\, X)\mathrm{d}x_1 \wedge \mathrm{d}x_2 \wedge \mathrm{d}x_3 = \mathrm{d}\varkappa_2(X). \qquad \square$$

例えば，命題 8.3 を用いると，rot∘grad＝0，div∘rot＝0 はともに d∘d＝0 と翻訳される．(8.4) は Biot-Savart の法則を微分形式を用いて解釈したものと考えられるが，その方向ではさらに，電磁気学における Maxwell 方程式を，$\mathbf{R}^3$ に時間軸を加えた 4 次元時空間における微分形式の関係式として，きれいに書くことができる．例えば [18] を参照されたい．

§8.3 Seifert 膜

向きのついた結び糸 K_1 に対して，$\mathbf{R}^3$ 内の向きのついたコンパクト曲面(2 次元部分多様体) S で，$\partial S = K_1$ となるものが存在することが知られている([21] 参照)．このような曲面 S を結び糸 K_1 の **Seifert 膜**(Seifert surface)という．Seifert 膜のとり方は一意的ではない．K_1 と交わらない結び糸 K_2 をとったとき，必要があれば Seifert 膜 S を少し動かして，S は K_2 と横断的に交わるようにすることができる(横断正則性定理)．そのような S に対しては，交わり $S \cap K_1$ は有限個の点 $\{P_1, \cdots, P_k\}$ からなる．

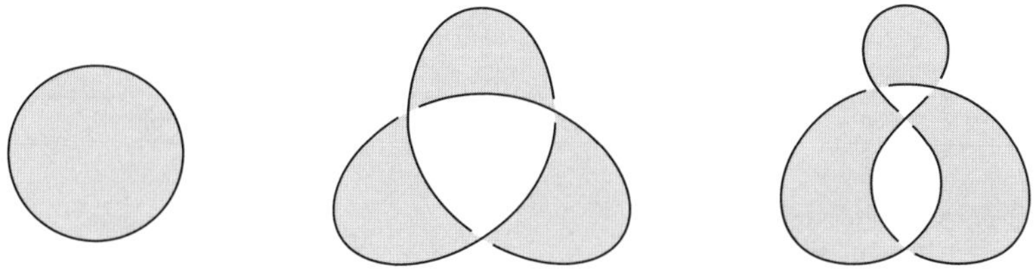

図 8.3

互いに交わらない結び糸 K_1, K_2 に対して，K_1 の Seifert 膜 S を上のようにとると，まつわり数 $Lk(K_1, K_2)$ が次のように求められる．$S \cap K_1$ の各点 P_i の周りに，互いに交わらないような小さい円板 D_i をとる．D_i には S の向きから定まる向きを与えておき，その境界 $C_i = \partial D_i$ には境界としての向きをつける．

各 C_i は向きのついた円であり，$W=\overline{S-\bigcup D_i}$ とおくと，向きをこめて

$$\partial W = K_1 \cup \bigcup_i (-C_i)$$

である．

補題 8.1　上の状況で，次の等式が成り立つ．

$$Lk(K_1, K_2) = \sum_{i=1}^{k} Lk(C_i, K_2)$$

［証明］　(8.2)により

$$Lk(K_1, K_2) = \frac{1}{4\pi}\int_{K_1}\int_{K_2} G^*\tilde{\theta}$$

である．一方，$\mathrm{d}\tilde{\theta}=0$ であるから，$\mathrm{d}\int_{K_2} G^*\tilde{\theta}=\int_{K_2}\mathrm{d}G^*\tilde{\theta}=0$ となる．よって Stokes の定理により

$$0 = \int_W\left(\mathrm{d}\int_{K_2} G^*\tilde{\theta}\right) = \int_{\partial W}\int_{K_2} G^*\tilde{\theta} = \int_{K_1}\int_{K_2} G^*\tilde{\theta} - \sum_{i=1}^{k}\int_{C_i}\int_{K_2} G^*\tilde{\theta}.$$

したがって，

$$Lk(K_1, K_2) = \frac{1}{4\pi}\int_{K_1}\int_{K_2} G^*\tilde{\theta} = \frac{1}{4\pi}\sum_{i=1}^{k}\int_{C_i}\int_{K_2} G^*\tilde{\theta} = \sum_{i=1}^{k} Lk(C_i, K_2). \qquad \blacksquare$$

補題 8.2　$Lk(C_i, K_2)$ は D_i と K_2 の交点数 $D_i\cdot K_2$ に等しく，その値は ± 1 である．

［証明］　K_2 の Seifert 膜 S' で円板 D_i と横断的に交わるものをとる．その際，D_i が十分小さいことを用いると，S' は C_i と 1 点 P' でしか交わらないようにとれることがわかる(図 8.4(a))．S' の中で P' の周りに十分小さい円板 D' をとり，$C'=\partial D'$ とおく．C' の向きは S' の向きから定まる D' の向きの境界の向きにとる．すると，補題 8.1 の証明と同様の議論で

$$Lk(C_i, K_2) = Lk(C_i, C')$$

が成り立つことがわかる．

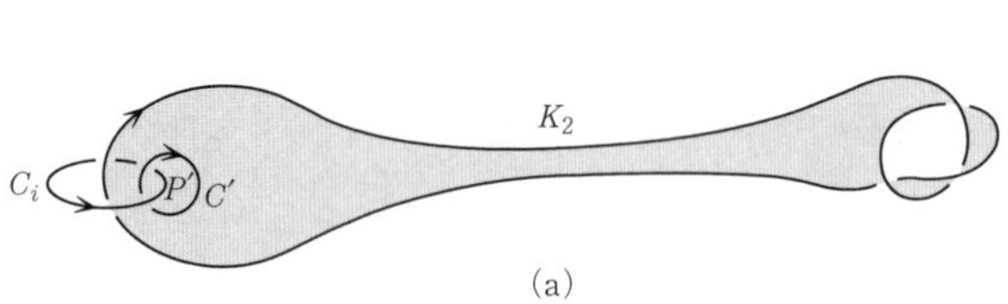

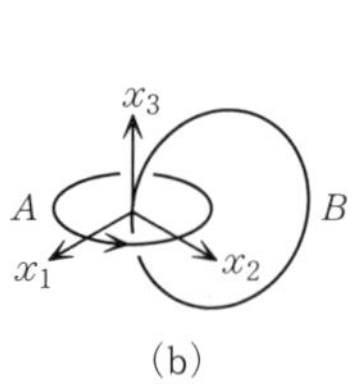

図 8.4

$Lk(C_i, C')$ を求めるために，向きを保つ微分同相写像 $f: \mathbf{R}^3 \to \mathbf{R}^3$ で

$$f(C_i) = A = \{(x_1, x_2, x_3)\ ;\ x_1 + \sqrt{-1}x_2 = \mathrm{e}^{\sqrt{-1}\,t_1},\ x_3 = 0,\ t_1 \in \mathbf{R}\}$$

$$f(C') = B = \{(x_1, x_2, x_3)\ ;\ x_1 = 0,\ x_2 - 1 + \sqrt{-1}x_3 = \mathrm{e}^{\sqrt{-1}\,t_2},\ t_2 \in \mathbf{R}\}$$

となるものをとると(図 8.4(b))，$Lk(C_i, C') = Lk(A, B)$ である．A の向きは $\dfrac{\partial}{\partial t_1}$ が正の向きとなるようにとっておく．$F: A \times B \to S^2$ を定義 8.1 のように定めると，容易にわかるように，$Q_1 = (-1, 0, 0) \in S^2$ は F の正則値であり，$F^{-1}(Q_1) = Q_0 = ((1, 0, 0), (0, 0, 0)) \in A \times B$ である．また，B の向きを $\varepsilon \dfrac{\mathrm{d}}{\mathrm{d}t_2}$ ($\varepsilon = \pm 1$) とすると，Q_0 における F の微分は

$$\mathrm{d}F\left(\frac{\partial}{\partial t_1}\right) = \frac{\partial}{\partial x_2},\quad \mathrm{d}F\left(\frac{\partial}{\partial t_2}\right) = \varepsilon \frac{\partial}{\partial x_3}$$

である．よって，命題 7.2 により，$Lk(A, B) = \varepsilon$ である．一方，その定義から，ε は円板 $D^2 = \{(x_1, x_2, x_3)\ ;\ {x_1}^2 + {x_2}^2 \leqq 1,\ x_3 = 0\}$ と B との交点数 $D^2 \cdot B$ に等しく，それはまた D_i と C' の交点数 $D_i \cdot C'$ に等しい．以上をまとめると，

$$Lk(C_i, K_2) = Lk(C_i, C') = Lk(A, B) = D^2 \cdot B = D_i \cdot C' \quad (8.5)$$

である．

最後に $D_i \cdot C' = D_i \cdot K_2$ を示せば証明は終る．Seifert 膜 S' は D_i と横断的に交わるようにとったから，$D_i \cap S'$ は $P_i = D_i \cap K_2$ と $D_i \cap C'$ を両端とする線分 I を含む．S' の向きを I に沿って P_i から $D_i \cap C'$ まで移動させることにより，K_2 の向きが C' の向きに移る．このことから，$D_i \cdot K_2 = D_i \cdot C'$ を得る． ∎

命題 8.4 K_1 の Seifert 膜 S に対し，

$$Lk(K_1, K_2) = S \cdot K_2$$

が成り立つ．特に，S と K_2 が交わらなければ $Lk(K_1, K_2) = 0$ である．

[証明] S と K_2 は横断的に交わり，各交点 P_i における局所交点数は $D_i \cdot K_2$ である．よって，命題 6.3 と補題 8.1，補題 8.2 により，

$$S \cdot K_2 = \sum_i D_i \cdot K_2 = \sum_i Lk(C_i, K_2) = Lk(K_1, K_2). \qquad ∎$$

互いに交わらない有限個の結び糸 $\{K_i\}$ の和集合 $L = \bigcup_i K_i$ を**絡み糸**(link)という．各 K_i に向きがついている絡み糸 $L = \bigcup_i K_i$ を向きのついた絡み糸という．互いに交わらない二つの向きのついた絡み糸 $L = \bigcup K_i$ と $L' = \bigcup_j K_j'$ に対して，まつわり数 $Lk(L, L')$ を

$$Lk(L, L') = \sum_{i,j} Lk(K_i, K_j')$$

として定義する．

向きのついた3次元球面 S^3 内の結び糸や絡み糸も同様に定義される．S^3 内の互いに交わらない結び糸 K_1 と K_2 に対して，$K_1 \cup K_2$ に含まれない点 b をとると，$S^3-\{b\}$ は $\mathbf{R}^3$ と微分同相であるから，向きを保つ微分同相写像によって $S^3-\{b\}$ と $\mathbf{R}^3$ を同一視して考えることにより，K_1 と K_2 は $\mathbf{R}^3$ の結び糸とみることができ，したがってそのまつわり数 $Lk(K_1, K_2)$ が定義できる．この値は除く点 b のとり方によらないことは容易にわかる．これにより，S^3 内の互いに交わらない結び糸 K_1 と K_2 のまつわり数を定義する．

S^3 内の結び糸 K に対して，その補空間 S^3-K は興味ある研究対象である．本書では扱っていないが，空間の基本群と呼ばれる位相不変量があり，S^3-K の基本群は結び糸 K の重要な不変量である．基本群は1次ホモロジーを定めるが，一般にはアーベル群ではない．以下では，1次ホモロジー $H_1(S^3-K)$ を考察する．

補題 8.4 $H_1(S^3-K) \cong \mathbf{R}$.

［証明］ $K \subset S^3 \subset \mathbf{R}^4$ とみて，十分小さい $\varepsilon>0$ に対し，

$$V = \{x \in S^3 ; \mathrm{d}(x, K) \leqq \varepsilon\}, \quad \mathrm{d}(x, K) = \min_{y \in K} \| x-y \|$$

とおくと，V は S^3 における K の閉近傍で，K と同じホモトピー型をもつ．また，$W=\overline{S^3-V}$ とおくと，W は S^3-K と同じホモトピー型をもち，したがって，$H_1(W) \cong H_1(S^3-K)$ である．$H^2(S^3, W) \cong H^2(V, \partial V)$ であるが，Poincaré-Lefschetz の双対定理(演習問題 6.6)により，

$$H^2(S^3, W) \cong H^2(V, \partial V) \cong H_1(V) \cong H_1(K) \cong \mathbf{R}$$

である．一方，組 (S^3, W) の Mayer-Vietoris 系列

$$\cdots \to H^1(S^3) \to H^1(W) \to H^2(S^3, W) \to H^2(S^3) \to \cdots$$

で，$H^1(S^3)=0$, $H^2(S^3)=0$ であるから，

$$H^1(W) \cong H^2(S^3, W) \cong \mathbf{R}$$

を得る．よって，$H_1(S^3-K) \cong H_1(W) = H_1(W)^* \cong \mathbf{R}$. ∎

K' が S^3-K の結び糸であれば，まつわり数 $Lk(K, K')$ が定義された．その

定義を振り返ってみると，一般に，S^3-K の1次サイクル $f: S^1 \to S^3-K$ に対しても，$Lk(K,f)$ が $F\circ(1\times f): K\times S^1 \to K\times(S^3-K) \to S^2$ の写像度として定義され，命題 8.1 と同様の積分表示が得られる．

上の形のサイクル (S^1,f) のホモロジー類 $[S^1,f]$ の全体が $H_1(S^1-K)$ を生成するが(注意 6.2)，$Lk(K,f)=\int_{(S^1,f)}\omega$ であるから，$Lk(K,f)$ は $[S^1,f]$ だけに依存する．ここで，$H^1(S^3-K)\cong\mathbf{R}$ に注意すると，次の命題が得られる．

命題 8.5 $H^1(S^3-K)\cong\mathbf{R}$ は $[\omega]$ で生成され，対応 $(S,f)\mapsto Lk(K,f)$ は同型 $H_1(S^3-K)\to\mathbf{R}$ を導く． □

注意 8.1 $\{[S^1,f]\}$ の実数係数の線形結合がベクトル空間 $H_1(S^3-K)$ を生成するが，$H_1(S^3-K)$ の中で $\{[S^1,f]\}$ の整数係数の線形結合の全体は無限巡回群になる．これは，S^3-K の整数係数の1次ホモロジー群(通常 $H_1(S^3-K;\mathbf{Z})$ と記す)と呼ばれるものと一致する．一般の多様体 M に対しても k 次サイクル (N,f) の定めるホモロジー類 $[N,f]$ は加群を生成するが，これは M の整数係数の k 次ホモロジー群 $H_k(M;\mathbf{Z})$ と近いものである($H_k(M;\mathbf{Z})$ そのものを得るためには，サイクルの概念を拡張する必要がある)．

§8.4 Hopf 不変量

この節では，連続写像 $f: S^3\to S^2$ に対して，その Hopf 不変量と呼ばれる整数値不変量 $H(f)$ を定義する．この不変量は f のホモトピー類だけに依存するものである．ホモトピー類の中で考えればよいから，附録の近似定理により，f は始めから滑らかであると仮定してよい．また，S^2 上に f の正則値 b をとると，演習問題 2.3 により，$L_b=f^{-1}(b)$ は S^3 のコンパクトな1次元多様体，すなわち S^3 内の絡み糸である．

L_b の各連結成分に次のやり方で一斉に向きをつける．まず，S^3 と S^2 には演習問題 5.2 のように向きをつける．また，S^3 に Riemann 計量を一つ定めておく．L_b の連結成分 K と点 $p\in K$ に対して，T_pK の T_pS^3 での直交補空間 N をとると，b が f の正則値であるから，f の p における微分 df_p は N を T_bS^2 に同型に写像する．その同型が向きを保つように N に向きを定め，T_pK の向きの次に N の向きを並べたものが T_pS^3 の向きと一致するように T_pK の向きを定める．これにより T_pK の向きは p に関して連続に動くから，K の向きが定まる．

補題 8.5 $b, b' \in S^2$ をともに f の正則値とする．このとき，まつわり数 $Lk(L_b, L_{b'})$ は正則値 b, b' のとり方によらず，しかも f のホモトピー類だけで決まる．

［証明］（第1段） $f_0 \simeq f_1 : S^3 \to S^2$ とする．f_0 も f_1 もその間のホモトピーも滑らかであるとしてよい．b, b' はともに f_0, f_1 の正則値であり，f_0, f_1 の間のホモトピー $H: S^3 \times [0,1] \to S^2$ で，しかも，$p: S^3 \times [0,1] \to S^3$ を第1成分への射影としたとき，

$$p(H^{-1}(b)) \cap p(H^{-1}(b')) = \emptyset \tag{8.6}$$

を満たすものがあったとする．そのとき，

$$\begin{aligned} Lk(f_0^{-1}(b), f_0^{-1}(b')) &= Lk(f_0^{-1}(b), f_1^{-1}(b')) \\ &= Lk(f_1^{-1}(b), f_1^{-1}(b')) \end{aligned} \tag{8.7}$$

が成り立つことを示す．

そのために，附録の横断正則性定理により，必要があれば H を少し動かして，b, b' は H の正則値であるとしてよい．特に $H^{-1}(b), H^{-1}(b')$ は $S^3 \times I$ の2次元部分多様体で，向きを

$$\partial H^{-1}(b) = f_1^{-1}(b) \times 1 \cup (-f_0^{-1}(b) \times 0)$$
$$\partial H^{-1}(b') = f_1^{-1}(b') \times 1 \cup (-f_0^{-1}(b') \times 0)$$

となるようにつけておく．そこで，$\tilde{G}: f_0^{-1}(b) \times H^{-1}(b') \to \mathbf{R}^3 - \{0\}$ を

$$\tilde{G}(x, y) = p(y) - x$$

と定義する．ただし，$H^{-1}(b) \cup H^{-1}(b') \subset \mathbf{R}^3 \subset S^3 = \mathbf{R}^3 \cup \{1\text{点}\}$ とみている．すると，Stokes の定理により

$$\begin{aligned} 0 &= \int_{H^{-1}(b')} \mathrm{d}\left(\int_{f_0^{-1}(b)} \tilde{G}^* \tilde{\theta}\right) = \int_{\partial H^{-1}(b')} \int_{f_0^{-1}(b)} \tilde{G}^* \tilde{\theta} \\ &= \int_{f_1^{-1}(b') \times 1} \int_{f_0^{-1}(b)} \tilde{G}^* \tilde{\theta} - \int_{f_0^{-1}(b') \times 0} \int_{f_0^{-1}(b)} \tilde{G}^* \tilde{\theta} \end{aligned}$$

となる．よって，補題 8.1 の証明と同様に，

$$Lk(f_0^{-1}(b), f_0^{-1}(b')) = Lk(f_0^{-1}(b), f_1^{-1}(b'))$$

を得る．また，$H^{-1}(b) \times f_1^{-1}(b')$ 上の Stokes の定理から，上と同様に

$$Lk(f_0^{-1}(b), f_1^{-1}(b')) = Lk(f_1^{-1}(b), f_1^{-1}(b'))$$

を得る．よって，(8.7)が成り立つ．

（第2段） b_0, b_0' $(b_0 \neq b_0')$, b_1, b_1' $(b_1 \neq b_1')$ がともに f の正則値であるとき，

$$Lk(f^{-1}(b_0), f^{-1}(b_0')) = Lk(f^{-1}(b_1), f^{-1}(b_1')) \tag{8.8}$$

であることを示す．そのため，向きを保つ微分同相写像 $h: S^2 \to S^2$ で，$h(b_0) = b_1$, $h(b_0') = b_1'$ となるものをとる．恒等写像 $i: S^2 \to S^2$ から h へのホモトピー $\bar{H}: S^2 \times [0,1] \to S^2$ で，

$$\bar{H}(b_0 \times [0,1]) \cap \bar{H}(b_0' \times [0,1]) = \emptyset$$

となるものをとる．$H = \bar{H} \circ (f \times 1): S^3 \times [0,1] \to S^2$ とおくと，$b = b_1$, $b' = b_1'$ として，H は条件(8.6)を満たしている．したがって，(8.7)により，

$$\begin{aligned} Lk(f^{-1}(b_1), f^{-1}(b_1')) &= Lk((h \circ f)^{-1}(b_1), (h \circ f)^{-1}(b_1')) \\ &= Lk(f^{-1}(b_0), f^{-1}(b_0')) \end{aligned}$$

となる．

（第3段） $f_0 \simeq f_1: S^3 \to S^2$ とする．b_i, b_i' $(b_i \neq b_i',\ i=1,2)$ を f_i の正則値とするとき，

$$Lk(f_0^{-1}(b_0), f_0^{-1}(b_0')) = Lk(f_1^{-1}(b_1), f_1^{-1}(b_1')) \tag{8.9}$$

であることを示す．第2段により，始めから $b_0 = b_1$, $b_0' = b_1'$ としてよい．また，f_0 と f_1 の間のホモトピー $H: S^3 \times [0,1] \to S^2$ に対し，必要があれば $[0,1]$ を小さい区間に細分し，それぞれの区間に対応する小さいホモトピーをつなげて考えることにより，始めから H は条件(8.6)を満たすとしてよい．よって，第1段により(8.9)は成り立つ． ∎

$f: S^3 \to S^2$ のホモトピー類の全体を $\pi_3(S^2)$ と書く．$\alpha \in \pi_3(S^2)$ に対し，f を α の代表，b, b' $(b \neq b')$ を f の正則値として，

$$H(\alpha) = Lk(f^{-1}(b), f^{-1}(b'))$$

とおくと，補題8.5により，$H(\alpha)$ は代表 f や 正則値 b, b' のとり方によらない．$H(\alpha)$ を α の **Hopf 不変量**(Hopf invariant)という．なお，$f: S^3 \to S^2$ が α を代表するとき，$H(\alpha)$ の代りに $H(f)$ とも記す．

注意 8.2 $\pi_3(S^2)$ には自然なアーベル群の構造がはいり，S^2 の3次ホモトピー群と呼ばれる．$H: \pi_3(S^2) \to \mathbf{Z}$ は準同型になる．

例 8.1　$\mathbf{C}^2$ を $\mathbf{R}^4$ と同一視し，

$$S^3 = \{(z_1, z_2) \in \mathbf{C}^2 \,;\, |z_1|^2 + |z_2|^2 = 1\}$$

とみて，写像 $\psi : S^3 \to \mathbf{C}P^1$ を $\psi(z_1, z_2) = [z_1, z_2]$ で定義する．これは **Hopf ファイバー束**と呼ばれているものである．一方，S^2 を立体射影（演習問題 7.1）により $\mathbf{C} \cup \infty$ と同一視すると，$[z_1, z_2] \mapsto \dfrac{z_2}{z_1}$ は微分同相 $\mathbf{C}P^1 \to S^2$ を与える．これにより $\mathbf{C}P^1$ と S^2 を同一視して，$\psi : S^3 \to S^2$ とみる．ψ に対して，S^2 のどの点も正則値であり，$\psi^{-1}(b)$ は結び糸となる．また $H(\psi) = 1$ である（演習問題 8.2）．

附録　§8.4 で用いた近似定理と §7.2 で引用した横断正則性定理を正確な形で述べておく．

近似定理　M, N を多様体で M はコンパクトとする．任意の連続写像 $f : M \to N$ は滑らかな写像 $g : M \to N$ で一様に近似できる．すなわち，任意に $\varepsilon > 0$ を与えたとき，任意の $x \in M$ に対し

$$\|f(x) - g(x)\| < \varepsilon$$

となるような滑らかな写像 $g : M \to N$ が存在する．特に，f とホモトープな滑らかな写像 $g : M \to N$ が存在する．

証明は [22] を参照されたい．

横断正則性定理　M, N を多様体で M はコンパクトとし，$A \subset M$ は閉集合，$N_1 \subset N$ は部分多様体とする．$f : M \to N$ は滑らかな写像で，$A \cap f^{-1}(N_1)$ の各点では N_1 と横断的であるとする．そのとき，f を一様に近似する $g : M \to N$ で，N_1 と横断的であり，A 上では f と一致するものが存在する．

演習問題

8.1　図 8.2 の絡み糸のまつわり数を Seifert 膜を用いて計算せよ．

8.2　Hopf ファイバー束 $\psi : S^3 \to \mathbf{C}P^1$ において，$\psi^{-1}([1, 0])$ と $\psi^{-1}([0, 1])$ およびそれらの向きを求めよ．また，$\psi^{-1}([1, 0])$ の Seifert 膜を求め，それにより $H(\psi) = 1$ を証明せよ．

8.3　$f : S^3 \to S^2$, $g : S^2 \to S^2$ に対して

$$H(g \circ f) = (\deg g)^2 H(f)$$

が成り立つことを示せ．

8.4　$h: S^3 \to S^3$ を写像度 -1 の微分同相写像とする．任意の $f: S^3 \to S^2$ に対して，

$$H(f \circ h) = -H(f)$$

となることを示せ．

8.5　$\mathbf{H}$ で四元数体を表わし，

$$S^3 = \{q \in \mathbf{H}\,;\ \|q\| = 1\}$$

とみなす．$h: S^3 \to S^3$ を $h(q) = q^2$ で定義する．このとき，$\deg h$ を求めよ．また，Hopf ファイバー束 $\psi: S^3 \to \mathbf{C}P^1$ に対して，$H(\psi \circ h)$ を求めよ．

8.6　M, N を $\mathbf{R}^{m+n+1}$ の境界のない向きづけられたコンパクト部分多様体で，$\dim M = m$, $\dim N = n$ であるとする．$m = n = 1$ のときにならって，まつわり数 $Lk(M, N) \in \mathbf{Z}$ を定義せよ．それに対し，

$$Lk(N, M) = (-1)^{(m+1)(n+1)} Lk(M, N)$$

が成り立つことを示せ．また，$\partial W = M$, $W \cap N = \emptyset$ となる向きづけ可能なコンパクト多様体 $W \subset \mathbf{R}^{m+n+1}$ で N と横断的に交わるものが存在するとき，向きをこめて $\partial W = S$ となるように W に向きをつけると，

$$Lk(M, N) = W \cdot N$$

が成り立つことを示せ．

8.7　$f: S^{2n-1} \to S^n$ に対し，$n = 1$ のときにならって，Hopf 不変量 $H(f)$ を定義し，それがホモトピー不変量であることを証明せよ．これに対し，n が奇数のときは $H(f) = 0$ となることを示せ．また，$g: S^n \to S^n$ に対し，

$$H(g \circ f) = (\deg g)^2 H(f)$$

が成り立つことを示せ．

8.8　$S^7 = \{(q_1, q_2) \in \mathbf{H}^2\,;\ |q_1|^2 + |q_2|^2 = 1\}$ とみなす．また，4 元数射影直線を $\mathbf{H}P^1$ と書く．ここで，群 $S^3 = \{\varepsilon \in \mathbf{H}\,;\ |q| = 1\}$ を S^7 に右から

$$(q_1, q_2) \cdot q = (q_1 q, q_2 q)$$

で作用させ，商空間 S^7/S^3 を $\mathbf{H}P^1$ と同一視する．その射影 $\pi: S^7 \to \mathbf{H}P^1$ も Hopf ファイバー束と呼ばれる．このとき，$\mathbf{H}P^1$ は S^4 と微分同相であることを示せ．また，$\pi^{-1}([1, 0]), \pi^{-1}([0, 1])$ を求め，それを用いて，演習問題 8.7 の Hopf 不変量 H に対し，$H(\pi) = \pm 1$ であることを示せ．

8.9　命題 8.3 をチェックせよ．

あとがき

本書の内容と密接な関連があるが，紙数の都合上収めきれなかった事項について簡単に触れるとともに，参考書をいくつか挙げ読者の参考に供したい．そのうちのいくつかは本文で引用したものである．

本書でとりあげることができなかったものの中で，第一に挙げるべきものは無限次元多様体とその上の Morse 関数である．これは Morse がいわゆる Morse 理論を創ったときからあった発想であり，有限次元多様体上の道のつくる無限次元多様体上で，道の“エネルギー”を Morse 関数と見ることにより，道の空間のホモロジーが求められることが知られていた．この方向はさらに Bott による周期性定理の証明に発展する．これらについては [4] と [6] を参照されたい．最近では，“接続のモジュライ空間”や“シンプレクティック多様体”上の二つの“Lagrange 多様体”を結ぶ道の空間などの Morse 理論が急速に発展している．この方面は発展途上であることもあり，まとまった解説書はない．ここでは，有限次元とのつながりにポイントをおいた解説として [13] をあげておく．

なお，第 3 章の鎖複体は Witten と Floer により 1980 年代に導入されたものである．その重要性を考慮し，本書でも旧来のものに代わってこの方式を採用することにした．この方式の鍵である命題 3.6 と補題 6.3 の証明は本書の流れに沿うように工夫したものである．なお，[13] も参照されたい．

本書では，多様体のコホモロジーとは de Rham コホモロジーであり，ホモロジーはその双対線形空間として定義した．したがって，両者とも実数体上の線形空間である．実は多様体に限らず，一般の位相空間に対しても，“整数係数”のホモロジーとコホモロジーが定義され，多様体における de Rham コホモロジーと同じ役割を果たす．また，多様体上でも整数係数のホモロジーとコホモロジーの間に Poincaré 双対性がある．これらについては [10] を参照されたい．一般の位相空間の中で，特に“単体分割可能”な空間(多面体)と呼ばれるものがあり，その扱いやすさの点と，よく用いられる空間はたいていこの範疇に属するという点で重要である．多様体もこの仲間である．単体分割可能な空間のホモロジーは“単体複体”のホモロジーを用いて計算される．これについては [10], [11] を参照されたい．

以下，各章ごとに参考書を挙げる．

第2章

［1］ 松島与三，多様体入門，裳華房，1965.

［2］ 松本幸夫，多様体の基礎，東京大学出版会，1988.

［3］ 服部晶夫，多様体(増補版)，岩波書店，1989.

第3章

［4］ Milnor, J., Morse Theory, Princeton Univ. Press, 1963.

［5］ Milnor, J., Lectures on the h-Cobordism Theorem, Princeton Univ. Press, 1965.

［6］ 長野正，大域変分法，共立出版，1971.

［7］ 横田一郎，多様体とモース理論，現代数学社，1991.

［8］ Smale, S., Morse inequalities for a dynamical system, Bull. Amer. Math. Soc., **66**(1960), 43-49.

［9］ Smale, S., On gradient dynamical systems, Ann. of Math., **74**(1961), 199-206.

第4章

［10］ 服部晶夫，位相幾何学，岩波書店，1991.

［11］ 田村一郎，トポロジー，岩波書店，1972.

第5章

［12］ Bott, R., Tu, L. W., Differential Forms in Algebraic Topology, Springer-Verlag, Berlin, 1982.

第6章

［13］ Salamon, D., Morse theory, the Conley index and Floer homology, Bull. London Math. Soc., **22**(1990), 113-140.

新版あとがき

改版に当って，組版上の制約のため加筆できなかった点について触れておく．

旧版ではホモロジーはすべて実数係数のもの，すなわちベクトル空間となるものだけを扱った．読者の予備知識として線形代数は仮定したが，一般の加群に関する知識は仮定しなかったためである．多様体 M の整数係数のホモロジーは，§3.3 で，M の Morse 関数 f から作られる鎖複体を自由加群

$$C_k = \left\{ \sum_{p \in S_k} a_p[p];\ a_p \in \mathbf{Z} \right\}$$

として定義することにより得られる．それによって得られるホモロジー群と実数体 $\mathbf{R}$ のテンソル積をとると，本書のホモロジーと一致する．整数係数のホモロジー群も位相不変量である．ただし，その完全な証明には本書とは別の工夫が必要である．

旧版では応用方面の読者層を想定し，いくつかの基本的な定理の内容だけを述べ，証明は他書を引用することですませた．新版でもその形は残っているが，引用文献には以下に挙げる新しいものを追加した．

初版の出版後，本書の内容と関係のある良書が数多く出版された．以下の文献はそれらを主としたものである．

[14] 松本幸夫，Morse 理論の基礎，岩波講座 現代数学の基礎，1997.
[15] 森田茂之，微分形式の幾何学 1，2，岩波講座 現代数学の基礎，1996，1997.
[16] J. W. Milnor, Topology from The Differentiable View Point, 1965 ; 邦訳：微分トポロジー講義，蟹江幸博訳，シュプリンガー・フェアラーク東京，1998.
[17] 深谷賢治，電磁場とベクトル解析，岩波講座 現代数学への入門，1995.
[18] 深谷賢治，解析力学と微分形式，岩波講座 現代数学への入門，1996.
[19] 深谷賢治，ゲージ理論とトポロジー，シュプリンガー・フェアラーク東京，1995.
[20] 岩堀長慶，ベクトル解析，裳華房，1960.
[21] 村杉邦男，結び目の理論とその応用，日本評論社，1993.
[22] 志賀浩二，多様体 I，岩波講座 基礎数学，1976.

[14] は文字通り Morse 理論の詳しい解説書である．同書のセル(胞体)分割から生ずる鎖複体は本書 §3.3 のもの(係数を整数に変えたもの)と本質的には同じもの

である．

［15］は微分形式と de Rham コホモロジーを主な道具として多様体の幾何の諸相を扱っていて，本書との接触点が多い．第 2 巻は本書では取り上げなかった多くの題材が扱われている．

［16］は多様体のトポロジーへの案内書である．Sard の定理以外は初等的な道具だけを使い，写像度の理論などを展開している．

［17]，［18］は著者の主張がはっきり表われている書物である．ベクトル解析，解析力学の教科書であるだけでなく，多様体の幾何への好適な案内書である．なお，新しく加えた第 8 章でベクトル解析の記号を既知としたが，ベクトル解析の標準的な教科書として［20］を挙げておく．

［19］は現在の研究の先端を画いた書物である．そこでの一つの指導原理が無限次元の Morse 理論である．

今回新しく加えた第 8 章では結び糸と絡み糸が一つの主題である．結び糸理論の文献として［21］を挙げておく．第 8 章で用いた近似定理について詳しく書いた邦書は少ない．そのために［22］を挙げた．

演習問題解答

解答をつけなかった証明問題は標準的な結果を述べたものが多い．「あとがき」にあげた文献 [2], [3], [10], [11] などを参照されたい．

第2章

2.1 $(V\,;u_1,\cdots,u_m)$, $(W\,;v_1,\cdots,v_n)$ をそれぞれ M_1, M_2 の局所座標系とする．$M_1\times M_2$ の局所座標系として

$$(V\times W\,;u_1,\cdots,u_m,v_1,\cdots,v_n)$$

がとれる．同型 $T_{p_1\times p_2}(M_1\times M_2)\cong T_{p_1}M_1\oplus T_{p_2}M_2$ が，

$$\sum a_i\frac{\partial}{\partial u_i}+\sum b_j\frac{\partial}{\partial u_j}\longmapsto\left(\sum a_i\frac{\partial}{\partial u_i},\sum b_j\frac{\partial}{\partial u_j}\right)$$

で与えられる．

2.2 図1.3のトーラスは x, y 平面上の円

$$(x-a)^2+y^2=b^2,\qquad 0<b<a,$$

を y 軸のまわりに回転して得られると考える．したがって，その回転角を φ とすると，トーラス上の点 (x,y,z) は

$$x=(a+b\cos\theta)\cos\varphi,\qquad y=b\sin\theta,\qquad z=(a+b\cos\theta)\sin\varphi$$
$$(0\leqq\theta\leqq 2\pi,\ \ 0\leqq\varphi\leqq 2\pi)$$

で与えられる．よって，対応

$$(x,y,z)\longmapsto(\theta,\varphi)$$

がトーラスと $S^1\times S^1$ の微分同相を与える．

2.4 命題2.5において，$f:M_1\to M$ を包含写像とすると，M_1 と M_2 が横断的に交わっていることと，f が M の部分多様体 M_2 と横断的であることは同義である．したがって，命題2.5はこの問の特別の場合と考えられる．

2.6 $\nabla f=\left(\dfrac{\partial f}{\partial x_1},\cdots,\dfrac{\partial f}{\partial x_{n+1}}\right)$ である．$u=(u_1,\cdots,u_n)$ を M の局所座標とすると，$f(x_1(u),\cdots,x_{n+1}(u))\equiv 0$ であるから，

$$\frac{\partial f}{\partial x_1}\frac{\partial x_1}{\partial u_i}+\cdots+\frac{\partial f}{\partial x_{n+1}}\frac{\partial x_{n+1}}{\partial u_i}=0, \qquad i=1,\cdots,n$$

となる．すなわち，$\left\langle \nabla f, \frac{\partial}{\partial u_i}\right\rangle=0$ $(i=1,\cdots,n)$ である．

局所座標 $u=(u_1,\cdots,u_n)$ を

$$\det\begin{pmatrix}\nabla f\\ \frac{\partial}{\partial u_1}\\ \vdots\\ \frac{\partial}{\partial u_n}\end{pmatrix}>0$$

となるようにとると，$\left[\frac{\partial}{\partial u_1},\cdots,\frac{\partial}{\partial u_n}\right]$ は局所座標のとり方によらない M の向きを定める．

2.7 点 $p\in M$ のまわりの局所座標 $(u_1,\cdots,u_n)$ と，$p'=f(p)$ のまわりの局所座標 $(v_1,\cdots,v_n)$ をとると，$\mathrm{d}f$ は p のまわりの点 q で，正則な行列

$$A_q=\left(\frac{\partial v_i}{\partial u_j}\right)$$

で表現される．よって，p における $\det A_p$ の符号を ε $(\varepsilon=\pm1)$ とすると，p の近くの点 q でも $\det A_q$ の符号は ε に等しい．このことは，M_1 の部分集合

$$X_+=\{p\in M_1\,;\,f\text{ が }p\text{ で向きを保つ}\},$$
$$X_-=\{p\in M_1\,;\,f\text{ が }p\text{ で向きを逆にする}\}$$

がともに開集合であることを示す．$M_1=X_+\cup X_-$，$X_+\cap X_-=\varnothing$ であるから，M_1 が連結であるとき，$X_+\neq\varnothing$ ならば，$X_-=\varnothing$，$X_+=M_1$ となる．

次に，$M_1=M_2=S^n$，$f(x)=-x$ とする．$\mathbf{R}^{n+1}$ における S^n の外向きの単位法ベクトル場 $\boldsymbol{n}$ の次に S^n の向き $\mathcal{O}_p$ を並べると $\mathbf{R}^{n+1}$ の正の向きになるようにしておく．f を写像 $\mathbf{R}^{n+1}\to\mathbf{R}^{n+1}$ とみると，$\mathrm{d}f$ は各点で $\boldsymbol{n}$ を保つ．よって，$f_x\mathcal{O}_p=\varepsilon\mathcal{O}_{-p}$ $(\varepsilon=\pm1)$ とすると，同じ ε により

$$f_x\left[\frac{\partial}{\partial x_1},\cdots,\frac{\partial}{\partial x_{n+1}}\right]=\varepsilon\left[\mathrm{d}f\left(\frac{\partial}{\partial x_1}\right),\cdots,\mathrm{d}f\left(\frac{\partial}{\partial x_{n+1}}\right)\right]$$

であるが，$\mathrm{d}f\left(\frac{\partial}{\partial x_i}\right)=-\frac{\partial}{\partial x_i}$ であるから，$\varepsilon=(-1)^{n+1}$ を得る．

最後に，$\bar{p}\in\boldsymbol{RP}^n$ とし，射影 $\pi:S^n\to\boldsymbol{RP}^n$ による逆像 $\pi^{-1}(\bar{p})=\{p,-p\}$ を考える．$\mathrm{d}\pi_p:T_pS^n\to T_{\bar{p}}\boldsymbol{RP}^n$，$\mathrm{d}\pi_{-p}:T_{-p}S^n\to T_{\bar{p}}\boldsymbol{RP}^n$ は同型であり，$\mathrm{d}\pi_{-p}{}^{-1}\circ\mathrm{d}\pi_p:T_pS^n\to T_{-p}S^n$ は $\mathrm{d}f_p$ と等しい $(f(x)=-x)$．このことから，$\boldsymbol{RP}^n$ に向きがつけられるためには，f が向きを保つことが必要かつ十分であることがわかる．

第3章

3.2　$p \in M$ のまわりの局所座標 $u=(u_1, \cdots, u_n)$ と，u に関して滑らかに動く N_q の正規直交基底 $\boldsymbol{b}_1, \cdots, \boldsymbol{b}_d$ をとっておく．$\dfrac{\partial f}{\partial u_i}=\left\langle e, \dfrac{\partial x}{\partial u_i}\right\rangle$ だから $\left(\dfrac{\partial x}{\partial u_i}=\dfrac{\partial}{\partial u_i}\right)$，$f_e$ の臨界点 p は T_pM が e と直交する点である．そして，その点 p での Hesse 行列は

$$\left(\left\langle e, \frac{\partial^2 x}{\partial u_i \partial u_j}\right\rangle\right)$$

である．一方座標 u に対応する N の点を $(p, v)=(x(u), \sum v_k \boldsymbol{b}_k)$ とすると $(u_1, \cdots, u_n, v_1, \cdots, v_d)$ が $N_{(p,v)}$ での局所座標になる．そして，F の Jacobi 行列は

$$JF=\begin{pmatrix} \dfrac{\partial F}{\partial u_1} \\ \vdots \\ \dfrac{\partial F}{\partial u_n} \\ \boldsymbol{b}_1 \\ \vdots \\ \boldsymbol{b}_d \end{pmatrix}$$

であり，この各行と $\dfrac{\partial}{\partial u_1}, \cdots, \dfrac{\partial}{\partial u_n}, \boldsymbol{b}_1, \cdots, \boldsymbol{b}_d$ との内積をとると，

$$\left(\begin{array}{c|c} \left(\left\langle \dfrac{\partial F}{\partial u_i}, \dfrac{\partial x}{\partial u_j}\right\rangle\right) & * \\ \hline O & I \end{array}\right)=\left(\begin{array}{c|c} \left(-\left\langle v, \dfrac{\partial^2 x}{\partial u_i \partial u_j}\right\rangle\right) & * \\ \hline O & I \end{array}\right)$$

となる．したがって，p が f_e の臨界点であるとき，e は N_p に属するから，(p, e) で上の行列を考えることにより，JF が正則行列であることと，f_e の Hesse 行列が正則行列であることとが同値であることが分かる．

3.3

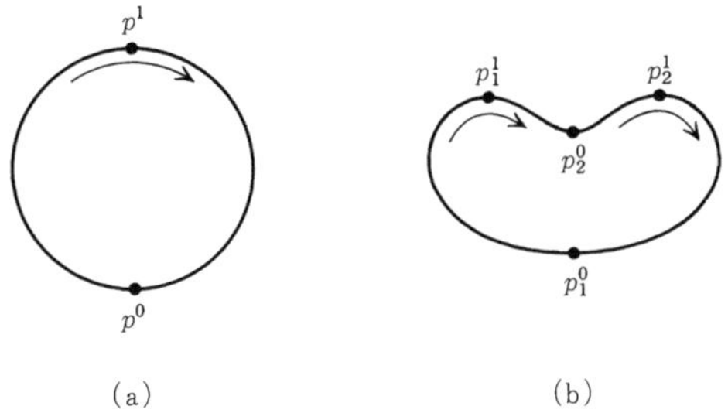

図1　矢印は $W^u(p^1)$ の向きを示す

図 1(a)

$$C_1 = \mathbf{R}p^1, \qquad \partial p^1 = p^0 - p^0 = 0,$$
$$C_0 = \mathbf{R}p^0.$$

図 1(b)

$$C_1 = \mathbf{R}p_1^1 \oplus \mathbf{R}p_2^1, \qquad \partial p_1^1 = p_2^0 - p_1^0,$$
$$C_0 = \mathbf{R}p_1^0 \oplus \mathbf{R}p_2^0, \qquad \partial p_2^1 = p_1^0 - p_2^0.$$

3.4 臨界点 $p^1=[0,1,0]$ での指数は 1 であり，

$$W^u(p^1) = \{[x_0, x_1, 0]\,;\, x_1 \neq 0\}, \qquad W^s(p^1) = \{[0, x_1, x_2]\,;\, x_1 \neq 0\},$$

そして，$p^0=[1,0,0]$，$p^2=[0,0,1]$ として，

$$W^u(p^0) = \{p^0\}, \qquad W^s(p^0) = \boldsymbol{R}P^2 - W^s(p^1) - \{p^2\},$$
$$W^u(p^2) = \boldsymbol{R}P^2 - W^u(p^1) - \{p^0\}, \qquad W^s(p^2) = \{p^2\}.$$

3.5 図 2 参照.

$$p_+^2 = (0, 0, 1), \qquad p_-^2 = (0, 0, -1)$$
$$p_+^1 = (0, 1, 0), \qquad p_-^1 = (0, -1, 0)$$
$$p_+^0 = (1, 0, 0), \qquad p_-^0 = (-1, 0, 0)$$
$$\pi(p_\pm^q) = p^q \quad (3.4 \text{ の記号})$$

$$C_2 = \mathbf{R}p_+^2 \oplus \mathbf{R}p_-^2, \qquad \partial p_+^2 = p_+^1 + p_-^1, \qquad \partial p_-^2 = -p_+^1 - p_-^1,$$
$$C_1 = \mathbf{R}p_+^1 \oplus \mathbf{R}p_-^1, \qquad \partial p_+^1 = -p_+^0 + p_-^0, \qquad \partial p_-^1 = p_+^0 - p_-^0,$$
$$C_0 = \mathbf{R}p_+^0 \oplus \mathbf{R}p_-^0.$$

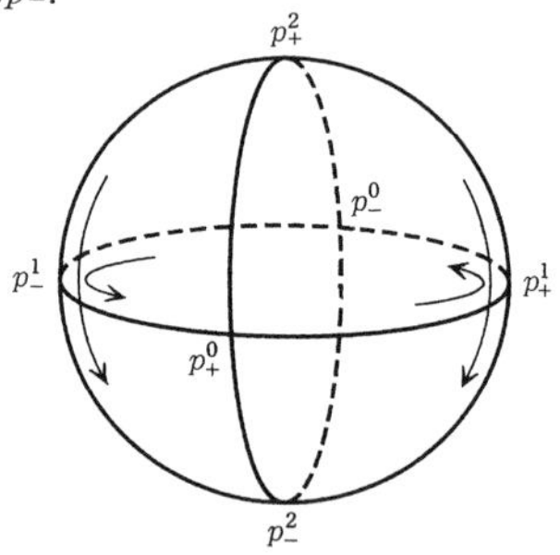

図 2

3.6

$$\tau_\#(p_+^2) = -p_-^2, \qquad \tau_\#(p_-^2) = -p_+^2,$$
$$\tau_\#(p_+^1) = p_-^1, \qquad \tau_\#(p_-^1) = p_+^1,$$
$$\tau_\#(p_+^0) = p_-^0, \qquad \tau_\#(p_-^0) = p_+^0.$$

これから，$\partial \circ \tau_\# = \tau_\# \circ \partial$.

第4章

4.1 (a) $\partial=0$ だから,

$$H_2 = C_2 \cong \mathbf{R}, \quad H_1 = C_1 \cong \mathbf{R}\oplus\mathbf{R}, \quad H_0 = C_1 \cong \mathbf{R}.$$

(b) $Z_2 = \mathbf{R}(p_1^2+p_2^2)$, $\quad Z_1 = B_1 = \mathbf{R}p^1$, $\quad Z_0 = C_0 = \mathbf{R}p^0$, $\quad B_0 = 0$.

よって, $H_2 \cong \mathbf{R}$, $H_1=0$, $H_0\cong\mathbf{R}$.

4.4
$$\mathrm{tr}\,\varphi|C_k = \mathrm{tr}\,\varphi|Z_k + \mathrm{tr}\,\varphi|B_{k-1},$$
$$\mathrm{tr}\,\varphi|Z_k = \mathrm{tr}\,\varphi|B_k + \mathrm{tr}\,\varphi|H_k$$

を用いる. あとは命題4.1の証明と同様.

4.5
$$Z_2 = \mathbf{R}(p_+^2+p_-^2), \quad Z_1 = B_1 = \mathbf{R}(p_+^1+p_-^1),$$
$$Z_0 = C_0 = \mathbf{R}p_+^0 \oplus \mathbf{R}p_-^0, \quad B_0 = p_+^0 - p_-^0.$$

よって,

$$H_2 \cong \mathbf{R}, \quad H_1 = 0, \quad H_0 = \mathbf{R}.$$
$$\tau_*|H_2(C_*) = (-1)\text{ 倍}, \quad \tau_*|H_0(C_*) = 1.$$

第5章

5.1 計算により, 一般に次のことがわかる. $A\in GL(n,\mathbf{R})$ に対して,

$$\varphi_A{}^*\omega = (\det A)\,\omega, \quad \varphi_A{}^*\theta = (\det A)\,\theta.$$

(第2の等式の計算では, 行列式の展開定理を用いる.) したがって, 特に, $A\in SL(n,\mathbf{R})$ なら

$$\varphi_A{}^*\omega = \omega, \quad \varphi_A{}^*\theta = \theta$$

である.

5.2 $S^{n-1}(r)$ の向きと計量は特殊直交群 $SO(n)$ で不変であり, $SO(n)$ は $S^{n-1}(r)$ に推移的に作用する. また, 問題5.1により, θ は群 $SO(n)$ の作用で不変であるから, 1点 $p=(r,0,\cdots,0)\in S^{n-1}(r)$ で

$$\frac{1}{r}\theta(e_1,\cdots,e_n) = 1$$

であることをいえばよい. p での外向き単位ベクトルは $\dfrac{\partial}{\partial x_1}$ であるから, 正の直交基底として, $\dfrac{\partial}{\partial x_2},\cdots,\dfrac{\partial}{\partial x_{n+1}}$ がとれる. そして,

$$\frac{1}{r}\theta\left(\frac{\partial}{\partial x_2},\cdots,\frac{\partial}{\partial x_{n+1}}\right) = \frac{1}{r}r = 1.$$

5.3 包含写像 $(M\times 0, M\times 0)\to(M\times[0,1], M\times 0)$ に命題5.6を適用して

$$H^k(M\times[0,1], M\times 0) \cong H^k(M\times 0, M\times 0) = 0$$

を得る．また，M がコンパクトであるとき，開区間 $(0,1)$ は $\mathbf{R}$ と微分同相だから，命題 5.7 により

$$H^k(M\times[0,1], M\times 0\cup M\times 1)\cong H_c{}^k(M\times(0,1)) = H_c{}^k(M\times\mathbf{R})\cong H^{k-1}(M)$$

を得る．M がコンパクトでない場合には，$M\times\mathbf{R}$ の"$\mathbf{R}$ の方向だけに"コンパクトな台をもつコホモロジーを用いる．

第6章

6.1 例 3.7 のトーラスのように，Σ_g を空間の中に図 3 のようにおき，高さの関数 $(f(x_1,x_2,x_3)=x_3)$ を考える．臨界点は図示した $\{p_i^q\}$ で p_i^q の指数は q である．そして，例 3.7 と同様に，

$$\partial p_i^q = 0$$

となる．よって問題 4.1 の解答と同様に，

$$b_0=1,\qquad b_1=2g,\qquad b_2=1,\qquad \chi=2-2g$$

となる．

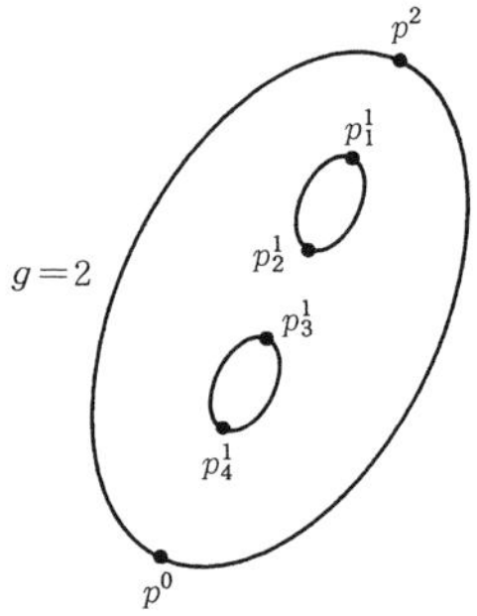

図 3

6.2 M を十分高い次元の Euclid 空間 $\mathbf{R}^N$ の中に，$M\subset\{x=(x_1,\cdots,x_N)\,;\,-1\leqq x_N\leqq n+1\}$, $N\subset\{x\,;\,x_N=-1\}$, $N'\subset\{x\,;\,x_N=n+1\}$ となるように埋め込む．しかも，$\varepsilon>0$ を十分小さくとって，

$$V_\varepsilon = M\cap\{x\in\mathbf{R}^N\,;\,-1\leqq x_N\leqq -1+\varepsilon\},$$
$$V_\varepsilon' = M\cap\{x\in\mathbf{R}^N\,;\,n+1-\varepsilon\leqq x_N\leqq n+1\}$$

がそれぞれ N と N' の柱状近傍となるようにする．すなわち，V_ε と V_ε' がそれぞれ $N\times[0,1]$, $N'\times[0,1]$ と微分同相となるようにする（これは可能である）．$e=(0,\cdots,0,1)$ として，関数 f を

$$f(x)=\langle x, e\rangle$$

で定義すると，f は N, N' の近くでは臨界点をもたない．また，$V_\varepsilon, V_\varepsilon'$ の外では，e に近い e' で関数 $\langle x, e'\rangle$ が非退化な臨界点しかもたないものがとれる(注意 3.1 参照)．よって，f を少し動かせば Morse 関数になる．

6.9 (i) $\boldsymbol{CP}^k\cap{}'\boldsymbol{CP}^{n-k}=\{p_k\}$，$p_k=[0,\cdots,0,\overset{k}{1},0,\cdots,0]$ (すなわち，$z_k=1$，他の $z_i=0$)．p_k のまわりでの複素局所座標として，

$$w_1=\frac{z_0}{z_k},\ \cdots,\ w_k=\frac{z_{k-1}}{z_k},\ w_{k+1}=\frac{z_{k+1}}{z_k},\ \cdots,\ w_n=\frac{z_n}{z_k}$$

をとると，p_k の近くで，

$$\boldsymbol{CP}^k: w_{k+1}=0,\ \cdots,\ w_n=0$$
$${}'\boldsymbol{CP}^{n-k}: w_1=0,\ \cdots,\ w_k=0$$

である．よって，$w_1,\cdots,w_n$ が複素座標であることに注意すると，交点数は 1 である．

(ii) $f_t:[z_k,\cdots,z_n]\longmapsto\left[z_k,\cdots,z_{n-1},z_n\cos\frac{\pi}{2}t,0,\cdots,0,z_n\sin\frac{\pi}{2}t\right]$

はホモトピーで，$f_0=1$，$f_1:[z_k,\cdots,z_n]\longmapsto[z_k,\cdots,z_{n-1},0,\cdots,0,z_n]$ である．同様にして，f_1 と $[z_k,\cdots,z_n]\longmapsto[z_k,\cdots,z_{n-2},0,\cdots,0,z_{n-1},z_n]$ はホモトープである．以下，順次類似のホモトピーをつなげて，結局 1 と $[z_k,\cdots,z_n]\longmapsto[0,\cdots,0,z_k,\cdots,z_n]$ はホモトープである．

(iii) (i), (ii)を用いると，$\boldsymbol{CP}^n$ での $\boldsymbol{CP}^1$ の Poincaré 双対を θ_1 として，

$$[\boldsymbol{CP}^{n-1}]\cdot[\boldsymbol{CP}^1]=1=\int_{\boldsymbol{CP}^1}\alpha=\int_{\boldsymbol{CP}^n}\alpha\wedge\theta_1$$

である．$H^{2(n-1)}(\boldsymbol{CP}^n)\cong\mathbf{R}$ であるから，上式は α が $\boldsymbol{CP}^{n-1}$ の Poincaré 双対であることを示している．特に，$n=2$ とすると，

$$\langle[\boldsymbol{CP}^2],\alpha^2\rangle=\int_{\boldsymbol{CP}^2}\alpha\wedge\alpha=[\boldsymbol{CP}^1]\cdot[\boldsymbol{CP}^1]=1.$$

次に，$\boldsymbol{CP}^n$ での $\boldsymbol{CP}^2$ の Poincaré 双対を θ_2 とすると，

$$[\boldsymbol{CP}^{n-2}]\cdot[\boldsymbol{CP}^2]=1=\int_{\boldsymbol{CP}^2}\alpha^2=\int_{\boldsymbol{CP}^n}\alpha^2\wedge\theta_2.$$

これから，α^2 は $\boldsymbol{CP}^{n-2}$ の Poincaré 双対となる．特に $n=3$ とすると，

$$\langle[\boldsymbol{CP}^3],\alpha^3\rangle=\int_{\boldsymbol{CP}^3}\alpha^2\wedge\alpha=[\boldsymbol{CP}^2]\cdot[\boldsymbol{CP}^1]=1.$$

以下同様にして，$\langle[\boldsymbol{CP}^k],\alpha^k\rangle=1$ となる．

一般の交叉理論を仮定すると次のように議論することもできる．α が $\boldsymbol{CP}^{n-1}$ の

Poincaré 双対で，$\boldsymbol{C}P^{n-1}$ と $'\boldsymbol{C}P^{n-1}$ は横断的に交わっているから，α^2 は $\boldsymbol{C}P^{n-1}\cap{}'\boldsymbol{C}P^{n-1}={}''\boldsymbol{C}P^{n-2}=\{[0, z_1, \cdots, z_{n-1}, 0]\}$ の Poincaré 双対である．(ii)と同様に $[''\boldsymbol{C}P^{n-2}]=['\boldsymbol{C}P^{n-2}]$ であり，$[\boldsymbol{C}P^2]\cdot['\boldsymbol{C}P^{n-2}]=1$ であるから，$\langle[\boldsymbol{C}P^2], \alpha^2\rangle=1$．次に，$\alpha^3=\alpha^2\wedge\alpha$ は $\boldsymbol{C}P^{n-2}\cap{}'\boldsymbol{C}P^{n-1}$ の Poincaré 双対であり，$[\boldsymbol{C}P^{n-2}\cap{}'\boldsymbol{C}P^{n-1}]=['\boldsymbol{C}P^{n-3}]$ であるから，上と同様に，$\langle[\boldsymbol{C}P^3], \alpha^3\rangle=1$ となる．以下同様に，$\langle[\boldsymbol{C}P^k], \alpha^k\rangle=1$ を得る．

6.10

$$f(z)=\frac{|z_1|^2+2|z_2|^2+\cdots+n|z_n|^2}{\sum|z_j|^2},\qquad (n-f)(z)=\frac{n|z_0|^2+(n-1)|z_1|^2+\cdots+|z_{n-1}|^2}{\sum|z_j|^2}$$

である．したがって，臨界点 $p_k=[0, \cdots, 0, \overset{k}{\check{1}}, 0, \cdots, 0]$ における f の非安定多様体の閉包は $\boldsymbol{C}P^k$ に等しく，$n-f$ の非安定多様体の閉包は $'\boldsymbol{C}P^{n-k}$ に等しい．これから，$['\boldsymbol{C}P^{n-k}]=[\boldsymbol{C}P^{n-k}]$ がわかる．

第7章

7.1 (1) $z=x_1+ix_2$ として，S^2 の点 (x_1, x_2, x_3) を (z, x_3) と書く．e の近くでは，x_1, x_2 を座標としてとれ，$\pi(x_1, x_2, x_3)=\dfrac{z}{1-\sqrt{1-|z|^2}}$ である．また，

$$\pi^{-1}(w)=\frac{1}{|w|^2+1}(2w, |w|^2-1)$$

である．したがって，$\pi^{-1}\circ P\circ\pi(x_1, x_2, x_3)=(y_1, y_2, y_3)$ と書くと，

$$y_1+iy_2=\frac{2P\left(\dfrac{z}{1-\sqrt{1-|z|^2}}\right)}{\left|P\left(\dfrac{z}{1-\sqrt{1-|z|^2}}\right)\right|^2+1}$$

であり，これは $|z|<1$ では x_1, x_2 に関して滑らかな関数である．よって，P は e の近くで滑らかになる．

(2) 方程式$(*)$：$z^n+a_1z^{n-1}+\cdots+a_{n-1}z+a_n-b=0$ の一つの根を α とすると，

$$z^n+a_1z^{n-1}+\cdots+a_{n-1}z+a_n-b=(z-\alpha)^n+b_1(z-\alpha)^{n-1}+\cdots+b_{n-1}(z-\alpha)$$

の形であり，$b_{n-1}=P'(\alpha)$ であるから，α が$(*)$の重複根ではないための必要かつ十分な条件は $P'(\alpha)\neq0$ である．このことは，$P(\alpha)=b$ となる α において $P'(\alpha)\neq0$ となることを意味するから，方程式$(*)$が重複根をもたないことと，b が P の正則値になることと同値である．

b を P の正則値にとると，上のことから，$\pi^{-1}(b)=\{\alpha_1, \cdots, \alpha_n\}$ となり，$w=P(z)$ と書くと，各 α_i のまわりで，

$$w-b = b_{i,\,n-1}(z-\alpha_i)+b_{i,\,n-2}(z-\alpha_i)^2+\cdots$$

の形である．よって，P の α_i における局所写像度 $\deg_{\alpha_i} P$ は 1 に等しく，

$$\deg P = \sum_i \deg_{\alpha_i} P = n$$

となる．

(3) $P(z)=0$ が根をもたないとすると，0 は P の正則値であり，したがって写像度は 0 となる．一方，P の像に属する正則値 b を用いることにより写像度は n であった．これは矛盾であるから，$P(z)=0$ は少なくとも一つ根をもたねばならない．

7.2 図 4 参照．

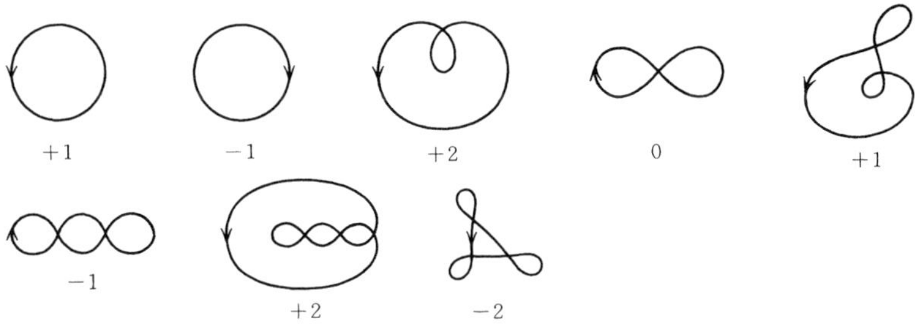

図 4

$d\in\mathbf{Z}$ に対し，$f:S^1\to\mathbf{R}^2$ を

$$f(\cos\theta,\sin\theta) = (\cos d\theta,\sin d\theta)$$

で定義すると，$\deg f=d$ である．

7.3 単一閉曲線(埋め込み $\varphi:S^1\to\mathbf{R}^n$ の像)の囲む閉領域を D とする．Gauss 写像 ν は D の境界 C 上定義された $\mathbf{R}^2$ の単位ベクトル場とみることができるが，これを D の中のベクトル場 X に拡張する．ただし，その零点は孤立しているようにとる．それらを $p_1,\cdots,p_l$ とし，各 p_i のまわりに小さい円盤 $D_1,\cdots,D_n$ をとって，$W=\overline{D-\cup D_i}$ とおく．W 上の関数 $g:W\to S^1$ を

$$g(p) = \frac{X_p}{\|X_p\|}$$

で定義すると，$g|C=\nu$ である．$\omega\in\Omega^1(S^1)$ を $\int_{S^1}\omega=1$ にとり，積分

$$\int_W g^*\omega$$

に Stokes の定理を適用して

$$\deg \nu = \sum \mathrm{Ind}_{p_i} X$$

を得る(p. 113 の議論参照)．しかるに，D は 2 次元円盤と同相で，X は D の境界では外向きのベクトル場だから，問題 7.6 を用いると，$\sum \mathrm{Ind}_p X=1$ である．よって $\deg \nu=1$ となる．

7.4 (1) 局所座標 $(u_1, \cdots, u_n)$ をとると，

$$\frac{\partial f}{\partial u_i} = \left\langle \frac{\partial \varphi}{\partial u_i}, e \right\rangle$$

であるから，p が f の臨界点であること(すべての i に対し，$\frac{\partial f}{\partial u_i}=0$)と，すべての i に対し $\frac{\partial \varphi}{\partial u_i}$ が e と直交することとは同値である．そして，そのとき，単位ベクトル $\nu(p)$ は $\pm e$ と一致する．

(2)
$$\frac{\partial^2 f}{\partial u_i \partial u_j} = \left\langle \frac{\partial^2 \varphi}{\partial u_i \partial u_j}, e \right\rangle.$$

一方，$\left\langle \frac{\partial \varphi}{\partial u_i}, \nu \right\rangle=0$ から

$$\left\langle \frac{\partial^2 \varphi}{\partial u_i \partial u_j}, \nu \right\rangle + \left\langle \frac{\partial \varphi}{\partial u_i}, \frac{\partial \nu}{\partial u_j} \right\rangle = 0.$$

よって，$\nu=\pm e$ のとき

(＊)
$$\frac{\partial^2 f}{\partial u_i \partial u_j} = \mp \left\langle \frac{\partial \varphi}{\partial u_i}, \frac{\partial \nu}{\partial u_j} \right\rangle.$$

よって，$\left\{\frac{\partial \varphi}{\partial u_i}\right\}$ が $d\varphi_p(T_pM)$ の基底であることに注意すると $\left(\frac{\partial^2 f}{\partial u_i \partial u_j}\right)$ が正則行列であることと，$\frac{\partial \nu}{\partial u_j}$ がやはり $d\varphi_p(T_pM)$ の基底になることとは同値である($\langle \nu, \nu \rangle =1$ から $\left\langle \nu, \frac{\partial \nu}{\partial \mu_j} \right\rangle=0$．よって，$\frac{\partial \nu}{\partial \mu_j}$ は $d\varphi_p(T_pM)$ のベクトルである)．

(3) $u_1, \cdots, u_n$ を M の正の向きを与える局所座標とする．$\frac{\partial \varphi}{\partial u_1}, \cdots, \frac{\partial \varphi}{\partial u_n}$ は $T_{\nu(p)}S^n$ の正の向きを与えるから，

$$\deg_p \nu = \mathrm{sgn}\left(\det\left(\left\langle \frac{\partial \varphi}{\partial u_i}, \frac{\partial \varphi}{\partial u_j} \right\rangle\right)\right) \quad (\mathrm{sgn}=\text{符号})$$

である．しかるに，(＊)により，

$$\mathrm{sgn}\left(\det\left(\left\langle \frac{\partial \varphi}{\partial u_i}, \frac{\partial \varphi}{\partial u_j} \right\rangle\right)\right) = \begin{cases} (-1)^n \det\left(\frac{\partial^2 f}{\partial u_i \partial u_j}\right), & \nu = e \text{ のとき} \\ \det\left(\frac{\partial^2 f}{\partial u_i \partial u_j}\right), & \nu = -e \text{ のとき} \end{cases}$$

である．よって，指数 λ_p の定義から，最終的に

$$\deg_p \nu = \begin{cases} (-1)^n (-1)^{\lambda_p}, & p \in \nu^{-1}(e) \\ (-1)^{\lambda_p}, & p \in \nu^{-1}(-e). \end{cases}$$

(4) f が Morse 関数となるような e に対しては，(1)により，f の臨界点の集合

S は $\nu^{-1}(e)\cup\nu^{-1}(-e)$ に等しい．よって，n が偶数のとき，(3)により，

$$2\deg\nu=\sum_{p\in\nu^{-1}(e)}\deg_p\nu+\sum_{p\in\nu^{-1}(-e)}\deg_p\nu=\sum_{p\in S}(-1)^{\lambda_p}$$

となる．ここで系 4.1 を用いると

$$2\deg\nu=\chi(M)$$

を得る．

7.6 X が ∂M では外向きならば，$-X$ は ∂M で内向きである．よって，$-X$ は M を M に，∂M を M の内部に移す 1 助変数変換群 φ_t を生成する．問題 7.5 を用いると，定理 7.2 の証明と同様に

$$\chi(M)=\sum_p \mathrm{Ind}_p X$$

を得る．

7.7 $k=1$ のとき，微分方程式

$$\frac{dz}{dt}=z$$

の解は $z=ae^t$ の形である．実座標で書くと，

$$x=ae^t,\qquad y=be^t.$$

これは原点から出る放射線を表す(原点は含まない，原点は停留点である)．

$k>1$ のとき，微分方程式

$$\frac{dz}{dt}=z^k$$

を解くと，

$$-\frac{1}{k-1}z^{-(k-1)}=t+C\quad(C\text{ は複素定数})$$

の形である．したがって，複素数の虚部を $\mathscr{I}_{\mathscr{M}}$ と書くと，

$$\mathscr{I}_{\mathscr{M}}\,z^{-(k-1)}=\text{実定数}$$

が積分曲線の方程式となる(t を消去した形)．例えば，$k=2$ とすると，

$$\frac{y}{x^2+y^2}=b$$

の形で，$b\neq0$ のとき，これは y 軸上に中心をもち x 軸に接する円を表す(原点は含まない)．$b=0$ に対応する積分曲線は原点に向かう入射線である(原点は含まない)．図 5(a)参照．

$k<0$ のとき，$z^{-k}=\dfrac{\bar{z}^k}{|z|^{2k}}$ $(z\neq0)$ であるから，原点以外で定義されるベクトル場 $Y_z=z^{-k}$ を考える．これは $X_z=\bar{z}^k$ と向きは同じベクトル場であるから，積分曲線

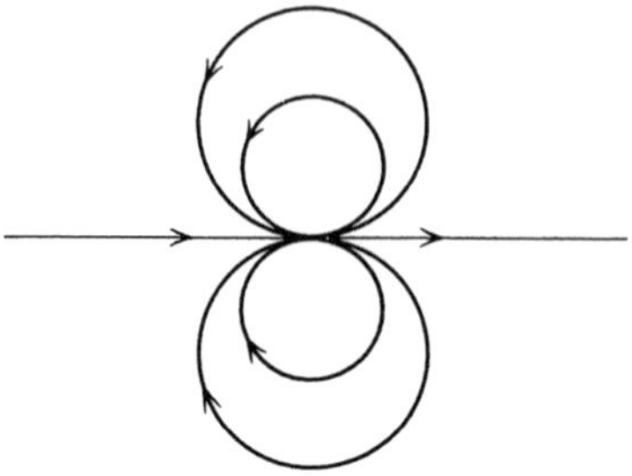

(a) $k>1$

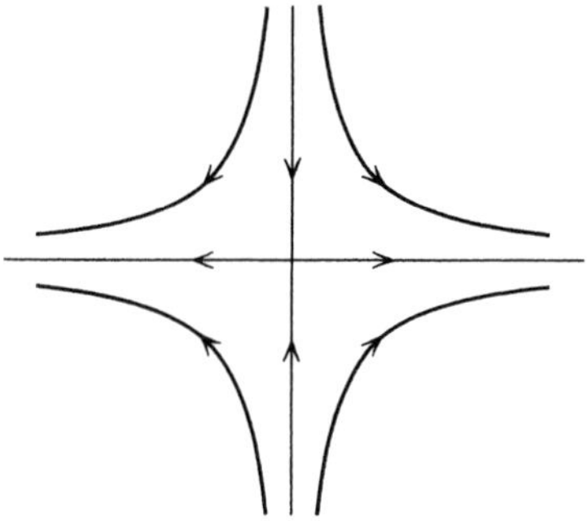

(b) $k<0$

図 5

は同じである．前と同様に，微分方程式

$$\frac{dz}{dt} = z^{-k}$$

を解くことにより，積分曲線の方程式

$$\mathcal{I}\mathcal{M}\, z^{k+1} = \text{定数}$$

を得る．例えば，$k=1$ のとき

$$xy = b$$

の形である．図 5(b) 参照．

7.8 $p_+=(0, \cdots, 0, 1)$，$p_-=(0, \cdots, 0, -1)$ どちらにおいても，そのまわりの局所座標として $(x_1, \cdots, x_{2k})$ がとれる．命題 7.3 の記号を用いると，

$$\bar{X}(x_1, \cdots, x_{2k}) = \frac{1}{\varepsilon}(-x_2, x_1, \cdots, -x_{2k}, x_{2k-1})$$

であるが，この写像 $\bar{X}$ はホモトピー

$$\bar{X}_t(x_1, \cdots, x_{2k}) = \frac{1}{\varepsilon}(x_1 \cos t - x_2 \sin t,\ x_1 \sin t + x_2 \cos t,\ \cdots,$$
$$x_{2k-1} \cos t - x_{2k} \sin t,\ x_{2k-1} \sin t + x_{2k} \cos t)$$

により $(0 \leqq t \leqq \pi/2)$，

$$\bar{X}_0(x_1, \cdots, x_{2k}) = \frac{1}{\varepsilon}(x_1, x_2, \cdots, x_{2k-1}, x_{2k})$$

と結ばれる．$\bar{X}_0$ の写像度は 1 であり，写像度はホモトピーで不変だから，$\deg \bar{X} = 1$．命題 7.3 により

$$\mathrm{Ind}_0\, X = \deg \bar{X} = 1$$

を得る．

第8章

8.1　Seifert 膜 S に対して，局所交点数は図のようになる．

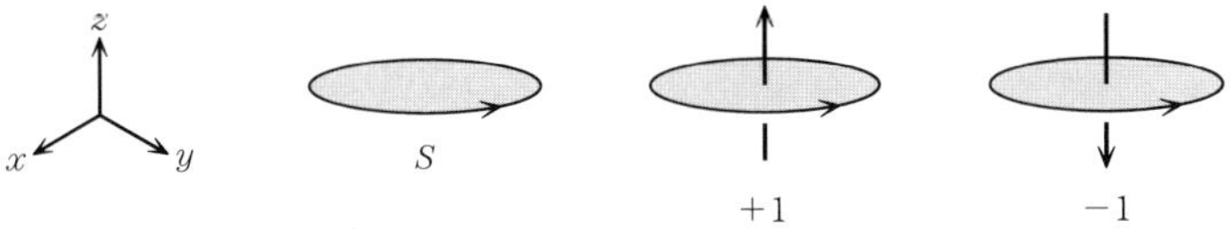

よって，図 8.2 のまつわり数は，左から順に $+1, -2, 0$.

8.2　$\psi^{-1}([1,0])=\{(\mathrm{e}^{\mathrm{i}t_1},0)\,;\,\mathrm{e}^{\mathrm{i}t_1}\in S^1\}$, $\psi^{-1}([0,1])=\{(0,\mathrm{e}^{\mathrm{i}t_2})\,;\,\mathrm{e}^{\mathrm{i}t_2}\in S^1\}$ $(i=\sqrt{-1})$. $\psi^{-1}([1,0])$ の向きを $\left[\dfrac{\partial}{\partial t_1}\right]$ で定めると，点 $p=(1,0)\in\psi^{-1}([1,0])$ ではそれは $\left[\dfrac{\partial}{\partial x_2}\right]$ と一致する $(z_1=x_1+\mathrm{i}x_2,\ z_2=x_3+\mathrm{i}x_4)$．点 p での S^3 の向きは約束により $\left[\dfrac{\partial}{\partial x_2},\dfrac{\partial}{\partial x_3},\dfrac{\partial}{\partial x_4}\right]$ であるが，一方 $[1,0]$ における $\mathbf{C}P'=S^2$ の向きは $\left[\dfrac{\partial}{\partial x_3},\dfrac{\partial}{\partial x_4}\right]$ で与えられるから，上に定めた $\psi^{-1}([1,0])$ の向き $\left[\dfrac{\partial}{\partial t_1}\right]$ は Hopf 不変量を定義するための $\psi^{-1}([1,0])$ の向きと一致する．同様の考察により，$\psi^{-1}([0,1])$ の向きは $\left[\dfrac{\partial}{\partial t_2}\right]$ であり，点 $(0,1)$ では $\left[\dfrac{\partial}{\partial x_4}\right]$ と一致する．

$\psi^{-1}([1,0])$ の Seifert 膜として

$$S=\{(z_1,z_2)\,;\,|z_1|^2+|z_2|^2=1,\ z_2\ \text{は実数}\geqq 0\}$$

をとる（(z_1,z_2) を実座標で書くと，S の点は $(x_1,x_2,x_3,0)\in S^3$, $x_3\geqq 0$ である）．$S\cap\psi^{-1}([0,1])=(0,1)$ であり，そこでの S の向きは $\left[\dfrac{\partial}{\partial x_1},\dfrac{\partial}{\partial x_2}\right]$ で与えられ，S^3 の向きは $\left[\dfrac{\partial}{\partial x_1},\dfrac{\partial}{\partial x_2},\dfrac{\partial}{\partial x_4}\right]$ である．したがって，$S\cdot\psi^{-1}([0,1])=+1$ である．よって

$$H(\psi)=S\cdot\psi^{-1}([0,1])=+1.$$

8.3　$b_0, b_0'\in S^2$ を g の正則値とし，$g^{-1}(b_0)=\{b_1,\cdots,b_k\}$, $g^{-1}(b_0')=\{b_1',\cdots,b_l'\}$ とする．また，b_i $(i=1,\cdots,k)$, b_j' $(j=1,\cdots,l)$ は f の正則値であるとして一般性を失わない．各 b_i $(i=1,\cdots,k)$, b_j' $(j=1,\cdots,l)$ には局所写像度 $\varepsilon_i,\varepsilon_j'$ が定まっていて，$\deg g=\sum_{i=1}^{k}\varepsilon_i=\sum_{j=1}^{l}\varepsilon_j'$ である（命題 7.2）．f の正則値 $b\in S^2$ に対して，$L_b=f^{-1}(b)$ と書くことにする．L_b には向きが定まっている．これに対し，向きも考慮に入れると，

$$(g\circ f)^{-1}(b_0)=\bigcup_{i=1}^{k}\varepsilon_i L_{b_i},\ (g\circ f)^{-1}(b_0')=\bigcup_{j=1}^{l}\varepsilon_j' L_{b_j'}$$

である．よって

$$H(g\circ f)=Lk\left(\bigcup_{i=1}^{k}\varepsilon_i L_{k_i},\ \bigcup_{j=1}^{l}\varepsilon_j' L_{b_j'}\right)$$

$$= \sum_{i,j} \varepsilon_i \varepsilon_j' Lk(L_{b_i}, L_{b_j'})$$

であるが，$Lk(L_{b_i}, L_{b_j'}) = H(f)$ であるから，

$$H(g \circ f) = \left(\sum_{i,j} \varepsilon_i \varepsilon_j'\right) H(f) = \left(\sum_{i=1}^{k} \varepsilon_i\right)\left(\sum_{j=1}^{l} \varepsilon_j'\right) H(f)$$
$$= (\deg g)^2 H(f).$$

8.4 $b, b' \in S^2$ を f の正則値とし，$L_b = f^{-1}(b)$，$L_{b'} = f^{-1}(b')$，$L_b' = (f \circ h)^{-1}(b) = h^{-1}(L_b)$，$L_{b'}' = (f \circ h)^{-1}(b') = h^{-1}(L_{b'})$ とおく．また，S_b を L_b の Seifert 膜，$S_b' = h^{-1}(S_b)$ とおく．S_b' は L_b' の Seifert 膜である．$S_b \cap L_{b'} = \{p_1, \cdots, p_k\}$ とすると $S_b' \cap L_{b'}' = \{p_1', \cdots, p_k'\}$ である．ここで，$p_i' = h^{-1}(p_i)$．p_i での S_b と $L_{b'}$ の局所交点数を ε_i，p_i' での S_b' と $L_{b'}'$ の局所交点数を ε_i' とすると，

$$H(f) = S_b \cdot L_{b'} = \sum_{i=1}^{k} \varepsilon_i, \quad H(f \circ h) = S_b' \cdot L_{b'}' = \sum_{i=1}^{k} \varepsilon_i'$$

であった．したがって，

$$(*) \qquad \varepsilon_i' = -\varepsilon_i$$

を示せば，$H(f \circ h) = -H(f)$ が証明される．

p_i' における S_b' の向きを $\mathcal{O}_1'$, $L_{b'}'$ の向きを $\mathcal{O}_2'$ とし，それを並べた向きを $\mathcal{O}_1' \oplus \mathcal{O}_2'$ と書くと，局所交点数の定義により，

$$\varepsilon_i' \mathcal{O}_1' \oplus \mathcal{O}_2' = \mathcal{O}'$$

である．$\mathcal{O}'$ は S^3 の向きが定める $T_{p_i'}S^3$ の向きである．同様に，p_i における S_b の向きを $\mathcal{O}_1$，$L_{b'}$ の向きを $\mathcal{O}_2$，$T_{p_i}S^3$ の向きを $\mathcal{O}$ とすると

$$\varepsilon_i \mathcal{O}_1 \oplus \mathcal{O}_2 = \mathcal{O}$$

である．p_i' における h の微分 $\mathrm{d}h_{p_i'} : T_{p_i'}S^3 \to T_{p_i}S^3$ は向きを逆にするから

$$(**) \qquad \varepsilon_i' \mathrm{d}h_{p_i'} \mathcal{O}_1' \oplus \mathrm{d}h_{p_i'} \mathcal{O}_2' = \mathrm{d}h_{p_i'} \mathcal{O}' = -\mathcal{O} = -\varepsilon_i \mathcal{O}_1 \oplus \mathcal{O}_2$$

である．一方，$L_b', L_{b'}'$ の接線に横断的な方向の向きは $f \circ h$ により S^2 の向きに写され，$L_b, L_{b'}$ の接線に横断的な向きは f により S^2 の向きに写されるから，$\mathrm{d}h_{p_i'} \mathcal{O}_2' = -\mathcal{O}_2$ であり，S_b', S_b の向きは $\partial S_b' = L_b'$，$\partial S_b = L_b$ となるようにつけられているから，$\mathrm{d}h_{p_i'} \mathcal{O}_1' = -\mathcal{O}_1$ である．これを(**)に代入すると，$\varepsilon_i' \mathcal{O}_1 \oplus \mathcal{O}_2 = -\varepsilon_i \mathcal{O}_1 \oplus \mathcal{O}_2$ となり，(*)が示された．

8.5 $\tau = x_2 \boldsymbol{i} + x_3 \boldsymbol{j} + x_4 \boldsymbol{k}$，$x_2{}^2 + x_3{}^2 + x_4{}^2 = 1$，の形の四元数に対し，

$$\mathrm{e}^{\tau\theta} = \cos\theta + \tau \sin\theta \in S^3$$

とおく．$\tau^2 = -1$ であり，$\mathrm{e}^{\tau(\theta_1+\theta_2)} = \mathrm{e}^{\tau\theta_1}\mathrm{e}^{\tau\theta_2}$ となるから，$\{\mathrm{e}^{\tau\theta} ; \theta \in \mathbf{R}\}$ は S^3 の部分群で S^1 と同型である．これを用いると以下の計算を見通しよく行うことができる．

この記法を用いると，$h(\mathrm{e}^{\tau\theta})=\mathrm{e}^{2\tau\theta}$ である．

まず，$1\in S^3$ は h の正則値であることを示す．$h(\mathrm{e}^{\tau\theta})=1$ から $\cos 2\theta=1$ であるから，$h^{-1}(1)=\{1,-1\}$ である．$\mathrm{d}h_1, \mathrm{d}h_{-1}$ をみるため，$S^3\subset\mathbf{H}$ とみて，

$$T_1S^3 = V := \{x_2\boldsymbol{i}+x_3\boldsymbol{j}+x_4\boldsymbol{k}\ ;\ x_2, x_3, x_4\in\mathbf{R}\}\subset\mathbf{H}$$

である．実際，τ を固定したとき τ を通る曲線 $\mathrm{e}^{\tau\theta}$ の接ベクトルは

$$\frac{\mathrm{d}}{\mathrm{d}\theta}\mathrm{e}^{\tau\theta}\bigg|_{\theta=0} = \tau$$

である．このとき，$\mathrm{d}h_1: T_1S^3\to T_1S^3$ は $\mathrm{d}h_1(v)=2v$ で与えられるから，1 は h の正則点で，局所写像度 ε_1 は 1 である．次に $-1\in S^3$ においても $T_{-1}S^3=V$ であるが，-1 を通る曲線 $\mathrm{e}^{\tau\theta}$ の接ベクトルは

$$\frac{\mathrm{d}}{\mathrm{d}\theta}\mathrm{e}^{\tau\theta}\bigg|_{\theta=\pi} = -\tau$$

であり，曲線 $h(\mathrm{e}^{\tau\theta})=\mathrm{e}^{2\tau\theta}$ の接ベクトルは -2τ である．したがって，この場合にも $\mathrm{d}h_{-1}(v)=2v$ ($v\in V$) であり，-1 は h の正則点で局所写像度 ε_{-1} は 1 である．よって

$$\deg h = \varepsilon_1+\varepsilon_{-1} = 2.$$

次に，$\psi^{-1}([1,0])=K:=\{\mathrm{e}^{i\theta_1}\ ;\ \theta_1\in\mathbf{R}\}$, $\psi^{-1}([0,1])=K':=\{\mathrm{e}^{i\theta_2}\boldsymbol{j}\ ;\ \theta_2\in\mathbf{R}\}$ で，それぞれの向きは $\left[\frac{\partial}{\partial\theta_1}\right], \left[\frac{\partial}{\partial\theta_2}\right]$ である(問題 8.2 の解答参照)．また，$(\psi\circ h)^{-1}([1,0])=h^{-1}(\psi^{-1}([1,0]))$ も K に等しい(ただし，$h: K\to K$ は写像度 2)．その Seifert 膜として

$$S = \{u\mathrm{e}^{i\theta}+v\boldsymbol{j}\ ;\ u^2+v^2=1\}$$

をとる．$(\psi\circ h)^{-1}([0,1])=h^{-1}(\psi^{-1}([0,1]))$ は結び糸 K_+' と K_-' の和である．ここで，

$$K_+' = \left\{\frac{1}{\sqrt{2}}+\frac{1}{\sqrt{2}}\xi\ ;\ \xi\in K'\right\},\quad K_-' = \left\{-\frac{1}{\sqrt{2}}+\frac{1}{\sqrt{2}}\xi\ ;\ \xi\in K'\right\}.$$

そして，

$$S\cap K_+' = \left\{\frac{1}{\sqrt{2}}+\frac{1}{\sqrt{2}}\boldsymbol{j}\right\},\quad S\cap K_-' = \left\{-\frac{1}{\sqrt{2}}+\frac{1}{\sqrt{2}}\boldsymbol{j}\right\}$$

である．$\frac{1}{\sqrt{2}}+\frac{1}{\sqrt{2}}\boldsymbol{j}$ における S の向きは $\left[\frac{\partial}{\partial x_2}, \frac{\partial}{\partial x_3}\right]$ であり，K_+' の向きは $\left[\frac{\partial}{\partial x_4}\right]$, S^3 の向きは $\left[\frac{\partial}{\partial x_2}, \frac{\partial}{\partial x_3}, \frac{\partial}{\partial x_4}\right]$ である．よって，$S\cdot K_+'=+1$．同様の考察で $S\cdot K_-'=+1$．したがって，

$$H(\psi\circ h) = S\cdot K_+'+S\cdot K_-' = 2.$$

（注意：一般に，$f: S^3 \to S^2$ と $h: S^3 \to S^3$ に対し

$$H(f \circ h) = (\deg h) H(f)$$

であることが知られている．）

8.6 $F: M \times N \to S^{m+n}$ を

$$F(x, y) = \frac{y-x}{\|y-x\|}$$

と定義し，$Lk(M, N) = \deg F$ と定義する．また，$G: M \times N \to \mathbf{R}^{m+n+1} - \{0\}$ を

$$G(x, y) = y - x$$

で与えると，例 5.5 の $m+n$ 次微分形式

$$\tilde{\theta} = \frac{1}{r^{m+n+1}} \sum_{i=1}^{m+n+1} (-1)^i \mathrm{d}x_1 \wedge \cdots \wedge \widehat{\mathrm{d}x_i} \wedge \cdots \wedge \mathrm{d}x_{m+n+1}, \quad r = \left(\sum_{i=1}^{m+n+1} x_i^2 \right)^{\frac{1}{2}}$$

を用いて，

$$Lk(M, N) = \int_{M \times N} G^* \tilde{\theta} \Big/ (m+n+1) V(D^{m+n+1})$$

となる．

$F': N \times M \to S^{m+n}$ を $F'(y, x) = \dfrac{x-y}{\|x-y\|}$ と定義すると，図式

$$\begin{array}{ccc} M \times N & \xrightarrow{F} & S^{m+n} \\ T \downarrow & & \downarrow A \\ N \times M & \xrightarrow{F'} & S^{m+n} \end{array}$$

は可換になる．ここで，$T(x, y) = (y, x)$，$A(v) = -v$．T は写像度 $(-1)^{m+n}$ の微分同相写像で，$\deg A = (-1)^{m+n+1}$ であるから，

$$\begin{aligned} Lk(N, M) = \deg F' &= \deg(A \circ F \circ T^{-1}) \\ &= (\deg A)(\deg T) \deg F \\ &= (-1)^{(m+1)(n+1)} \deg F = Lk(M, N). \end{aligned}$$

次に $\partial W = M$ となる W があるとしよう．本文（$m=n=1$ のとき）と同様の証明で $Lk(M, N) = W \cdot N$ となる．

8.7 本文の $n=2$ のときの議論と同様に，f の正則値 $b, b' \in S^n$ に対してまつわり数 $Lk(f^{-1}(b), f^{-1}(b'))$ は b, b' のとり方によらず，f のホモトピー類だけに依存することが証明される．

$\dim f^{-1}(b) = n-1$ であるから，n が奇数ならば，演習問題 8.6 により

$$H(f) = Lk(f^{-1}(b'), f^{-1}(b)) = -Lk(f^{-1}(b), f^{-1}(b')) = -H(f)$$

となり，$H(f)=0$ でなければならない．

$g: S^n \to S^n$ に対して，$H(g \circ f)=(\deg g)^2 H(f)$ となることの証明は問題 8.3 の解答と同様である．

8.8

$M = \pi^{-1}([1,0]) = \{(q,0)\ ;\ q \in \mathbf{H},\ |q|=1\}$

$N = \pi^{-1}([0,1]) = \{(0,q)\ ;\ q \in \mathbf{H},\ |q|=1\}$

である．

$$W = \{(q, x\boldsymbol{j});\ x \geqq 0,\ |q_1|^2 + x^2 = 1\}$$

とおくと，$\partial W = M$ である．W は N と横断的に交わり，$W \cap N = \{(0, \boldsymbol{j})\}$ である．よって，

$$H(\pi) = Lk(M, N) = W \cdot N = \pm 1.$$

8.9 開集合 $U \subset \mathbf{R}^3$ 上のベクトル場

$$\xi_1 \frac{\partial}{\partial x_1} + \xi_2 \frac{\partial}{\partial x_2} + \xi_3 \frac{\partial}{\partial x_3} = (\xi_1, \xi_2, \xi_3) \cdot \left(\frac{\partial}{\partial x_1}, \frac{\partial}{\partial x_2}, \frac{\partial}{\partial x_3} \right)$$

を単に (ξ_1, ξ_2, ξ_3) と書くことにする．

$f \in \Omega^0(U) = C^\infty(U)$ に対し

$$\operatorname{grad} f = \left(\frac{\partial f}{\partial x_1}, \frac{\partial f}{\partial x_2}, \frac{\partial f}{\partial x_3} \right)$$

$$\varkappa_1(\operatorname{grad} f) = \frac{\partial f}{\partial x_1} \mathrm{d}x_1 + \frac{\partial f}{\partial x_2} \mathrm{d}x_2 + \frac{\partial f}{\partial x_3} \mathrm{d}x_3 = \mathrm{d}f.$$

$X = (\xi_1, \xi_2, \xi_3) \in \mathcal{X}(U)$ に対し，

$$\operatorname{rot} X = \left(\frac{\partial \xi_2}{\partial x_3} - \frac{\partial \xi_3}{\partial x_2}, \frac{\partial \xi_3}{\partial x_1} - \frac{\partial \xi_1}{\partial x_3}, \frac{\partial \xi_1}{\partial x_2} - \frac{\partial \xi_2}{\partial x_1} \right)$$

$$\begin{aligned}\varkappa_2(\operatorname{rot} X) &= \left(\frac{\partial \xi_2}{\partial x_3} - \frac{\partial \xi_3}{\partial x_2} \right) \mathrm{d}x_2 \wedge \mathrm{d}x_3 + \left(\frac{\partial \xi_3}{\partial x_1} - \frac{\partial \xi_1}{\partial x_3} \right) \mathrm{d}x_3 \wedge \mathrm{d}x_1 \\ &\quad + \left(\frac{\partial \xi_1}{\partial x_2} - \frac{\partial \xi_2}{\partial x_1} \right) \mathrm{d}x_1 \wedge \mathrm{d}x_2\end{aligned}$$

$$\varkappa_1(X) = \xi_1 \mathrm{d}x_1 + \xi_2 \mathrm{d}x_2 + \xi_3 \mathrm{d}x_3$$

$$\mathrm{d}\varkappa_1(X) = \mathrm{d}(\xi_1 \mathrm{d}x_1) + \mathrm{d}(\xi_2 \mathrm{d}x_2) + \mathrm{d}(\xi_3 \mathrm{d}x_3) = \varkappa_2(\operatorname{rot} X).$$

$$\operatorname{div} X = \frac{\partial \xi_1}{\partial x_1} + \frac{\partial \xi_2}{\partial x_2} + \frac{\partial \xi_3}{\partial x_3}$$

$$\begin{aligned}\mathrm{d}\varkappa_2(X) &= \mathrm{d}(\xi_1 \mathrm{d}x_2 \wedge \mathrm{d}x_3 + \xi_2 \mathrm{d}x_3 \wedge \mathrm{d}x_1 + \xi_3 \mathrm{d}x_1 \wedge \mathrm{d}x_2) \\ &= (\operatorname{div} X) \mathrm{d}x_1 \wedge \mathrm{d}x_2 \wedge \mathrm{d}x_3.\end{aligned}$$

欧文索引

和文索引

ア 行

カ 行

サ 行

マ 行

ヤ 行

ラ 行

ワ 行

＊新版での追加

多様体のトポロジー 新装版

2003年8月26日 第1刷発行
2013年6月19日 第3刷発行
2025年2月18日 新装版第1刷発行

著 者 服部晶夫(はっとりあきお)

発行者 坂本政謙

発行所 株式会社 岩波書店
〒101-8002 東京都千代田区一ツ橋2-5-5
電話案内 03-5210-4000
https://www.iwanami.co.jp/

印刷・精興社 表紙・法令印刷 製本・中永製本

ISBN 978-4-00-006348-7 Printed in Japan

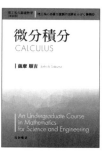

力学·解析力学
阿部龍蔵
MECHANICS
岩波書店